● 学 术 顾 问　陈汗青　潘长学

● 丛 书 主 编　罗高生

● 丛书副主编　王　娜　姚　湘

全国高等院校设计类"十三五"规划教材

产品设计方法学

Chanpin Sheji Fangfaxue

朱　炜　卢晓梦　杨熊炎　主　编

U0302773

李虹澄　赵李娟　武天佑　副主编

华中科技大学出版社
http://www.hustp.com
中国　武汉

内 容 提 要

产品设计方法学是一门综合性的课程，本书分为三篇，共9章。在基础篇，讲述了设计概念，并系统介绍了产品设计方法论的体系，即何谓产品设计方法学，又为何研究产品设计方法学。产品设计方法与思维之间存在必然的联系，因此，在创造性思维与设计方法篇，本书深入系统地论述了设计思维的含义、特征以及设计思维的培养，并重点论述了批判性思维、智力激励思维、列举思维、类比联想思维、移植思维、组合创新思维等六种常见的产品设计思维方法。在思维与方法的基础上，本书系统研究当前产品设计过程中常见的几种重要方法。在设计程序与设计方法篇，理论、案例与实践相结合，系统且深入地阐述了设计问题与设计方法、用户研究与设计方法、造型设计原理（文化产品、隐喻、形状文法、仿生设计、符号语意）与设计方法、感性工学理论与设计方法等四种较为重要的产品设计方法。在上述篇章的基础上，在设计程序与设计方法篇中，还研究了产品设计的程序与方法之间的关系。

本书立足于产品设计专业的专业特征，篇、章、节紧密相接，可作为产品设计、工业设计、艺术设计、设计学、工业设计工程、MFA 的教材，也可供从事产品设计的设计人员、技术人员、管理人员参考。

图书在版编目(CIP) 数据

产品设计方法学 / 朱炜，卢晓梦，杨熊炎主编. — 武汉：华中科技大学出版社， 2018.7（2022.7 重印）
ISBN 978-7-5680-4251-2

Ⅰ.①产… Ⅱ.①朱… ②卢… ③杨… Ⅲ.①产品设计 – 教材 Ⅳ.①TB472

中国版本图书馆 CIP 数据核字(2018)第 160279 号

产品设计方法学
Chanpin Sheji Fangfaxue

朱　炜　卢晓梦　杨熊炎　主编

策划编辑：张　毅　江　畅
责任编辑：赵巧玲
封面设计：原色设计
责任监印：朱　玢
出版发行：华中科技大学出版社（中国·武汉）　　电话：(027) 81321913
　　　　　武汉市东湖新技术开发区华工科技园　　邮编：430223
录　　排：武汉正风天下文化发展有限公司
印　　刷：武汉科源印刷设计有限公司
开　　本：880 mm × 1230 mm　1/16
印　　张：11.5
字　　数：297 千字
版　　次：2022 年 7 月第 1 版第 2 次印刷
定　　价：68.00 元

编　委　会

PREFACE

当前，在产业结构深度调整、服务型经济迅速壮大的背景下，社会对设计人才素质和结构的需求发生了一系列变化，并对设计人才的培养模式提出了新的挑战。向应用型、职业型教育转型，是顺应经济发展方式转变的趋势之一。《现代职业教育体系建设规划（2014—2020年）》和《国务院关于加快发展现代职业教育的决定》强调要推动一批普通本科高校向应用技术型高校转型。教材是课堂教学之本，是师生互动的主要依据，是展开教学活动的基础，也是保障和提高教学质量的必要条件。《国家中长期教育改革和发展规划纲要（2010—2020年）》明确要求"加强实验室、校内外实习基地、课程教材等基本建设"。教材在提高设计类专业人才培养质量中起着重要的作用。无论是专业结构、人才培养模式，还是课程转型、教学方法改革，都离不开教材这个载体。

应用型本科院校的设计类专业教材建设相对滞后，不能满足地方社会经济发展和行业对高素质设计人才的需求。对于如何开发、建设设计类专业的应用型教材，我们进行了一些探索。传统的教材建设与应用型、复合型设计人才培养的需求有很大出入，最主要的表现集中在以下两个方面。一是教材的知识更新慢，不能体现设计领域的时代特征，造成理论和实践脱节。应用型本科院校的设计专业设置，大多对接地方社会经济产业链，也可以说属于应用型设计类专业。培养学生的动手能力、实践能力、应用能力理应是教学的重要目标，反映在教材中，不可或缺的是大篇幅的实践教学环节，但是传统教材恰恰重理论、轻实践。传统的教材编写模式脱离了应用型本科院校学生对教材的真实需求，不能适应校企合作的人才培养模式。二是含有设计类专业实践环节的教材数量少、质量差。在专业性较强的领域，或者是伴随着社会经济发展而兴起的新办课程，教材种类少，质量差，缺少配套教学资源，有的甚至在教材方面还是空白的，极大地阻碍了应用型设计人才培养质量的提高。

该系列教材基于应用型本科院校培养目标要求来建立新的理论教学体系和实践教学体系以及学生所应具备的相关能力培养体系，构建能力训练模块，加强学生的基本实践能力与操作技能、专业技术应用能力与专业技能、综合实践能力与综合技能的培

养。该系列教材坚持了实效性、实用性、实时性和实情性特点，有意简化烦琐的理论知识，采用实践课题的形式将专业知识融入一个个实践课题中。课题安排由浅入深，从简单到综合；训练内容尽量契合我国设计类学生的实际情况，注重实际运用，避免空洞的理论介绍；书中安排了大量的案例分析，利于学生吸收并转化成设计能力；从课题设置、案例分析到参考案例，做到分类整合、相互促进；既注重原创性，也注重系统性。该系列教材强调学生在实践中学，教师在实践中教，师生在实践与交互中教学相长，高校与企业在市场中协同发展。该系列教材更强调教师的责任感，使学生增强学习的兴趣与就业、创业的能动性，激发学生不断进取的欲望，为设计教学提供了一个开放与发展的教学载体。

全国艺术专业学位研究生教育指导委员会委员
全国工程硕士专业学位教指委工业设计协作组副组长
上海视觉艺术学院副院长 / 二级教授 / 博士生导师

2017 年 4 月

PREFACE

何谓方法，方法就是要获得某种东西或要达到某种目标所采用的手段或行为方式，即"道"或"道路"。一般而言，方法具有三个层次：一是哲学层面的方法论；二是一般的方法或称理论的方法；三是具体的操作方法。产品设计方法学讨论"如何进行产品设计"的问题，即采用何种方法来完成产品设计。如果设计师不能掌握设计过程中的构思方法和原理，也就无从进行草图创意设计。这就意味着，产品设计方法学是注重产品创意思考方法的一门学问。

在基础篇，产品设计与方法的关系、产品设计方法的重要性构成了本书的逻辑起点，即我们必须明确理论、方法、观念、思想等对产品设计的指导作用。人们常说，"磨刀不误砍柴工"，"磨刀"就是对方法的准备，方法论的自觉性给"砍柴"带来事半功倍的效果。

方法与思维有关。方法不是思维，但方法能够引导思维。方法如何引导思维，就构成了思维的方法。要理解思维方法，必须了解思维的特性。在第二篇中，本书深入系统地论述了设计思维的含义、特征以及设计思维的培养，并重点论述了批判性思维、智力激励思维、列举思维、类比联想思维、移植思维、组合创新思维等六种常见的产品设计思维方法。在理论阐释的基础上，结合案例从操作层面上对六种产品设计思维进行了诠释。

方法也与理论紧密相关。理论是方法的理论，方法是理论的方法。在第三篇中，本书写作团队在充分讨论和研究的基础上，认为问题、产品、用户是产品创新设计过程中的三个关键因素。为此，我们确定了设计问题与设计方法、用户研究与设计方法、造型设计原理（文化产品、隐喻、形状文法、仿生设计、符号语意）与设计方法、感性工学理论与设计方法等四种常见的产品设计方法，并通过实践运用了上述方法。

产品设计方法学还应坚持"程序原则"，也就是突出"程序与方法"的问题。所谓的"程序"是指按照一定的先后顺序来思考问题。只有运用一定的方法并按照一定的逻辑方式来思考问题，才能有效完成产品设计，程序对产生构思非常重要。因此，在第三篇中，具体研究了产品设计的一般程序与方法。

本书由湖北汽车工业学院朱炜副教授、山东工艺美术学院卢晓梦副教授、桂林电子科技大学杨熊炎老师担任主编，并由广东南方职业学院李虹澄老师、湖北汽车工业学院赵李娟老师、桂林电子科技大学武天佑老师共同执笔完成。

本书是湖北省普通高校人文社科重点研究基地——武当文化研究与传播中心项目（融合文化和美学的产品设计价值模式研究——以武当文化为例，项目编号：17wd-jd007）的阶段性成果，也得到了 2017 年广西高校人文社会科学重点研究基地钦州学院北部湾海洋文化研究中心（以海洋文化为核心的北部湾文化创意产品设计研究与实践，项目编号：2017BMCC15）的重点支持，感谢它们对本书给予的立项资助。本书的部分理论建构以及案例是对课题展开深入研究后所获得的成果。在撰写过程中，本书得到了项目相关部门的支持与帮助，也有部分案例来自项目组的老师、同学以及其他高校学生的设计作品。除此以外，本书的出版还得到了华中科技大学出版社的鼎力相助，在此表示最衷心的感谢。

尽管我们已经竭尽全力地收集最新的现代产品设计方法及其研究成果，但由于编写时间紧，加之现代设计方法及相关学科的迅速发展，书中内容、观点难免存在不妥或不足之处，诚盼使用此书的各方人士不吝指教。

编　者

2018 年 4 月 11 日写于珞珈山

CONTENTS

目录

基础篇

第 *1* 章

产品设计概述

★**教学目标**

本章教学目标是通过对设计概念的讲解，对设计的产生、设计的发展历程以及现代设计与传统设计的介绍，使初学者了解关于设计的基础知识，以及掌握工业设计的概念、流程和方法。

★**教学重、难点**

要求初学者充分了解设计的产生以及发展，并通过讲解来引导初学者掌握产品设计的基本概念。

★**实训课题**

实训一：通过各种渠道（实际案例、网络、图书馆等）收集图片或照片资料，掌握设计以及工业设计的发展历程。

1.1.1 设计的产生

设计作为人类生物性与社会性的生存方式，是随着人类制作工具的产生而产生的，即设计是伴随着人类的造物行为而产生的。人类在对生存的需求过程中，不断完善劳动生产工具，当人类学会使用火进行烹饪时，便学会了设计炊具，需要衣服来御寒时，便学会了设计服装，这些出于本能的生存需求而去创造物质适应环境的行为属于一种本能的设计行为。

随着人类生产力的提高，人们的需求也变得越来越丰富，从本能适应环境的自给自足的状态发展到不断地创新事物，甚至构建新的环境来满足人类的需求，在需求不断改变的过程中人类自身的缺陷也逐渐暴露出来。人们如果要满足日益多变的需求就需要依赖外在的环境，而这个外在的环境不是自然而然呈现的，而是需要人们根据需求去改变的，所以就有了生产力的发展。生产力的发展的核心在于人们能够通过设计来提高各种劳动工具的生产效率，来帮助人类实现造物性，所以设计的产生与发展都伴随着人类历史的发展。

在设计发展的过程中，随着人类的需求越来越多，对外界环境的索取也在增多。在这个过程中，对工具的类别以及制作的精细化程度要求也越来越高。人们会去思考如何设计制造出更符合生产生活要求的工具来提高人们的生活水平，设计也伴随着人们对工具的使用需求越来越复杂，分类也越来越清晰。

随着人们对环境的改造能力的进步，设计也随之发展，其发展的核心驱动力来自于人类对环境的需求以及人类对环境的依赖。人类自身的缺陷使人类依赖于人造物。比如人类的视力所及之处有限，于是就在一些神话故事里创造出"千里眼"的形象。随着对工具的使用越来越熟练、生产力的提高，原来存在于人们神话故事里的愿望实现在望远镜这样的人造物上。

1.1.2 设计的本质

人类通过劳动改造世界、创造文明、创造物质财富和精神财富来满足生存的需求，而最基础、最主要的创造活动是造物。设计便是造物活动进行预先的计划，可以把任何造物活动的计划技术和计划过程理解为设计。

在不同时代不同生产力背景之下设计作为一种观念的集合，带有不同时代地域的印记。在生产力不发达的原始社会时期人们把制作工具满足人们的生存需求的过程定义为设计。这时候的设计大多是无意识的行为，还未形成完整的设计思想，是在适应环境的过程中所体现出来的本能的行为。伴随着人类文明的进步人们能够通过文字记录的方式总结在生产过程中的经验并用它来指导实践活动，最突出的就是对生产工具的完善从无意识的活动变成根据经验来有意识改造的活动，这时候的设计也就有了新的定义。例如：在中国古代文献《周礼·考工记序》中便将"设色之工"分为"画、缋、钟、筐"等部分，此处"设"字表示"计划、考虑"的意思；在18世纪以前，设计被理解为艺术家在纸上涂涂画画；在20世纪30年代的德国，设计被看作解决社会问题的有效途径。由此可见，设计是观念的集合，在不同时期、不同生产力背景下人们对其定义也不同。虽然对设计的定义众说纷纭，但我们还是可以从这些观念的集合里找出共性来总结设计这个观念的集合。广义的设计，指的是一切人类有计划的创造性活动，改造世界的活动包括了物质文明的创造活动和精神文明的创造活动。广义的设计的概念不受时代、地域、学科的限制，内容更加丰富。狭义的设计是把一种计划、规划、设想通过视觉的形式传达出来的活动过程。这里的解释更强调的是设计的专业性，设计的计划、规划、设想都是为实现最终更好地为人服务，满足人的需求。

设计本身是一个动态的观念集合，使得在理解设计本质的过程中不能简单地从其定义出发，而是要深层次地从其内在属性上理解其本质。

设计具有创造性。在人类的设计活动中，无论是有意识地还是无意识地创造使用工具，在无形当中都推动了生产力的发展。不论是从内容上还是从形式上，都体现了人类的创造性。有的创造性活动是从无到有，有的是在现有的基础上进行改良，不论是哪一种表现形式都突出了设计是一种创造性活动。

设计具有前瞻性。设计活动的根本是人类对生产力的推动，在循序渐进地进行现有生产活动的实现过程中，探究未来无限的可能。在现有已经实现的设计设想的基础上发现缺陷，塑造未来。

设计具有适应性。设计活动推动生产力的发展，但同时也受生产力发展的限制。从人类学会使用简单的工具进行生产活动，到对工具的深加工的细致划分都是设计适应具体生产环境的表现。

1.1.3 现代设计与传统设计

现代设计与传统设计的划分是手工时代与工业时代的划分。在工业时代到来之前，我们的传统设计主要表现在手工制作上，人员的参与形式是以师父带徒弟的形式来进行的，最后形成的产品也是初级的加工形式，门类较单一，产品的精细化程度不够。同时，传统的设计因传承的突然中断，以及人为的行业阻隔而变得支离破碎且封闭局限。传统设计在传承的过程中极大地受限于地域、人员变动等因素。伴随着工业革命的出现，人们对工具的运用越来越先进，由传统的手工时代过渡到机器时代，整体上极大地推动了生产力的发展。同时随着现代设计理论的提出，例如创造性活动理论、现代决策理论、信息论、控制论、工业设计理论、系统工程等现代理论与方法的发展及传播，人们冲破了传统学科间的专业壁垒，在相邻甚至相远的学科领域内探索、研究，使现代设计科学走上了日趋整体化的道路，促使单一的设计研究向广义的设计研究转变。从而形成了现代设计。

同时，伴随着现代设计的到来，人们提出了绿色设计、通用设计、虚拟设计等前沿的设计理念，在这些设计理念的指导下，人们把设计从原来的零碎的不成体系的设计逐渐地系统化，设计也由原来的无意识的自发的发展成为更具专业性的系统化的学科。

1.1.4　认识工业设计

（一）工业设计的定义

1970 年国际工业设计协会 ICSID（International Council of Societies of Industrial Design）为工业设计下了一个完整的定义：工业设计，是一种根据产业状况以决定制作物品的适应特质的创造活动。适应物品特质，不单指物品的结构，而是兼顾使用者和生产者双方的观点，使抽象的概念系统化，完成统一而具体化的物品形象，意即着眼于根本的结构与机能间的相互关系，其根据工业生产的条件扩大了人类环境的局面。

1980 年 ICSID 给工业设计更新了定义：就批量生产的工业产品而言，凭借训练、技术知识、经验及视觉感受，而赋予材料、结构、构造、形态、色彩、表面加工、装饰新的品质和规格，叫作工业设计。根据当时的具体情况，工业设计师应当在上述工业产品全部侧面或其中几个方面进行工作，而且，当需要工业设计师对包装、宣传、展示、市场开发等问题的解决付出自己的技术知识和经验以及视觉评价能力时，这也属于工业设计的范畴。

2006 年 ICSID 给工业设计又给出了如下的定义：设计是一种创造活动，其目的是确立产品多向度的品质、过程、服务及其整个生命周期系统，因此，设计是科技人性化创新的核心因素，也是文化与经济交流至关重要的因素。

ICSID 2015 年对工业设计进行了最新的定义：工业设计旨在引导创新、促发商业成功及提供更好质量的生活，是一种将策略性解决问题的过程应用于产品、系统、服务及体验的设计活动。它是一种跨学科的专业，将创新、技术、商业、研究及消费者紧密联系在一起，共同进行创造性活动，将需要解决的问题和提出的解决方案进行可视化，重新解构问题，并将其作为建立更好的产品、系统、服务、体验或商业网络的机会，提供新的价值以及竞争优势。工业设计是通过其输出物对社会、经济、环境及伦理方面问题的回应，旨在创造一个更好的世界。

比较上述工业设计的定义得出工业设计是一个综合性的系统的集合，在不同的生产力发展时期，人们对其定义有所不同。综合来看，工业设计是人造物的学科，是要不断适应改造自然的一种人为事物。与我们的自然学科有一定的区别，自然学科是在不断地描述、探索自然真理的论证性过程。所以说工业设计作为人为事物的一种，它的定义就必须从系统性出发。

我们把工业设计作为一个系统的综合性的方向去进行定义是一种广义的概念，通常人们也狭义地把工业设计归结为产品设计。产品在《现代汉语词典》中定义为：生产出来的物品。而产品设计就是围绕产品而展开的一系列的设计活动，产品设计的最终目的是为了服务人们的生活让人们的生活更加舒适、方便、快捷。围绕产品设计需要融合自然科学与社会科学的许多知识，从现代科技、经济、文化、艺术等角度对产品进行材料、色彩、工艺、质感等综合处理，从而满足人们的物质功能和精神的需求，产品设计承载着人们对美好生活的追求。

（二）工业设计包含的内容

20世纪80年代的孟菲斯集团和后现代的设计师强调形象、生理、心理相互联系和统一，视觉形象的创造应以与人的生理和心理的吻合为前提。他们提出设计师的责任不是实现功能而是发现功能。新的功能就是新的自由。工业设计发展的历程表明：没有功能，形式就无从产生，因此，正确处理功能与形式的关系是工业设计方法论研究的第二个基本问题。

工业设计研究的对象是"人—机—环境—社会"这一大系统。工业设计的出发点是人，研究人的视觉、触觉、心理、情感，把所涉及人的方方面面再物化成产品。把人作为设计的出发点，产品作为设计思维的媒介，最后就是要使人的生存环境更加"合乎人性"。因此，工业设计不是对产品的设计，而是对人类的生活方式的设计。

广义的工业设计分为产品设计、环境设计、传播设计、设计管理四类。其包括造型设计、机械设计、电路设计、服装设计、环境规划、室内设计、建筑设计、UI设计、平面设计、包装设计、广告设计、动画设计、展示设计、网站设计等。狭义的工业设计又称工业产品设计学。工业设计产品涉及心理学、社会学、美学、人机工程学、机械构造、摄影、色彩学等。工业发展和劳动分工所带来的工业设计与其他艺术、生产活动、工艺制作等都有明显的不同，它是各种学科、技术和审美观念的交叉产物。

（三）工业设计的原则

工业设计是一个系统的集合概念，在衡量一个产品是否符合设计原则，是否合理就必须全面地、整体地去评价。德国著名工业设计师迪特·拉姆斯总结出的关于"优秀设计的十原则"被越来越多的设计师认可，并被视为启蒙与净化心灵的设计哲学。

迪特·拉姆斯见图1-1。

图1-1　迪特·拉姆斯

1. 好的设计是创新的

创新永远是设计的灵魂和永恒的话题，伴随生产力的不断发展，科技的日新月异，只有不断为设计提供崭新的机会，才能适应不断变化的用户需求。同时设计只有不断创新才能推动人们生活不断提升。

2. 好的设计是实用的

从设计思维到物化成产品的过程是解决问题的过程，产品最终被设计生产出来，最终被消费者所接受其根本的出发点是在于它的实用性，但我们在强调产品的实用性的过程中也不能忽视用户在购买产品的过程中的心理和审美需求。

3. 好的设计是唯美的

产品对人的心理、人体感官产生作用、引起感觉。工业设计应使产品通过形态、色彩、材质、肌理、表面加工、装饰等手段符合人的感觉条件，维持人的心理健康。从用户的视觉角度出发，好的设计还应该是符合审美需要的。

4. 好的设计让产品说话

产品是设计师思维的物化结晶，输入的是设计思想，输出的是实实在在的产品，优秀的设计是让产品自己发声，就好像一切都是自然而然呈现的状态，不需要过多费心的解释说明。

5. 好的设计是谦虚的

优秀的产品在满足用户需求的同时也是不浮夸的。就像我们去购买一种工具，首先要求的是能满足解决实际问题的需求，而不是要求它是一件艺术品或者是装饰品。

6. 好的设计是诚实的

产品在设计之初就是为了解决人们生活中出现的问题，或者是让人们的生活更舒适，不管是把这二者中的哪一项作为出发点，优秀的产品设计都应该是实实在在的"有用之物"而不是浮夸的"无用之物"。

7. 好的设计是坚固耐用的

坚固耐用的产品特性避免了资源的浪费。在当今"速食"消费的时代，人们容易接受新鲜、时尚的设计，适应了产品的快速更新换代，但从长远的角度来看，坚固耐用的产品不仅是对当下的消费者负责，更是为了更长远的资源的合理利用负责。

8. 好的设计是细致的

好的产品设计应该是对任何细节之处都做到一丝不苟，这一过程是设计师对自己的设计以及消费者的尊重。

9. 好的设计是关心环境因素的

产品设计的过程应该是一个完整的过程，这个过程不仅包括产品的产出更包括产品的产出过程中以及结束使用后对使用环境带来的影响，注重产品生命周期里的每一个环节。

10. 好的设计是尽可能无设计

简约不是少，而是没有多余。尽可能无设计是剔除了不必要的东西之后剩下的精华。

第 2 章

产品设计方法论

★**教学目标**

本章教学目标是通过对产品设计方法论相关知识的讲解，对方法与方法论的概念、产品设计方法论基础知识以及研究产品设计方法学意义的介绍，使初学者了解关于设计方法学的基础知识。

★**教学重、难点**

要求初学者充分了解研究产品设计方法学的意义，并通过讲解来引导初学者掌握产品设计方法学的基本概念。

★**实训课题**

实训一：

通过各种渠道（实际案例、网络、图书馆等）收集图片或照片资料，掌握产品设计方法学的相关知识。

2.1
方法论

2.1.1　方法的概念

在人类文明发展的历程中，人们总是通过不断的探索来推进生产力的发展，在此漫长的过程中人们对世界的认知与改造活动愈加繁重与复杂，由此意识到方法的重要性。

人们对"方法"一词的理解各有不同，在我国"方法"一词最早见于《墨子·天志中》："中吾矩者谓之方，不中吾矩者谓之不方，是以方与不方，皆可得而知之。此其故何？则方法明也。"此处指度量方形之法。"方法"在《百喻经·口诵乘船法而不解用喻》中：此长者子善诵入海捉船方法，若入海水漩洑洄流矶激之处，当如是捉，如是正，如是住。此处指办法、门径。在西方，"方法"一词来源于希腊文，含有"沿着"和"道路"的意思，表示人们活动所选择的正确途径或道路。由此可见，"方法"一词在我国不仅使用早，而且与希腊文"方法"一词含义也相一致的。

由上可见，方法是指人们为了达到一定的目的所选择和采取的手段、途径或方式。因此，方法具有其固有的特征，即方法是有目的的指向性，是与任务联系在一起的。

我们在日常生活中做任何一件事情，首先都会去思考怎样做，然后才能去实现预期所想的目标。在思考的过程中，其实就是在选择何种有效的方法的过程。就如同古语里常说的"工欲善其事，必先利其器"，要想事半功倍地实现预期的目标就必须先想好使用什么样的工具或者方法去实现。由此可见，方法是人们在认识世界与改造世界的过程中所选的工具、途径、对策与实际操作步骤的系统性结合。在做同一件事情的过程中，达到同一种目的可以采用不同的工具、途径、对策与实际操作步骤，与此同时，我们投入的时间、人力与经济花费不同，最后达到的效果也不同。在选择方法的过程中，没有绝对的优与劣，优劣只是一个相对的概念。例如，我们在旅行的过程中，到同一目的地，有的人选择乘坐飞机更高效、舒适，有的人选择自驾，虽然旅途中舟车劳顿，但也能欣赏到不同的风景。

2.1.2 方法的特点

1. 目的性

人们在认识世界和改造世界的过程中，是建立在高度自觉意识基础上的，即具有目的性的行为。在这种具有目的性的行为的过程中，何时、何地采用何种方法都是为了让人们在实现目标的过程中的道路变得顺利。在应对不同的实际问题中，我们需要采用不同的方法，而在选择合适的方法之前，我们需要对事物的性质进行定性分析，明确事物的性质就明确了方法的目的性。

2. 适用性

人们在认识世界和改造世界的过程中，不仅有目的地作用于活动对象，同时也被活动对象的客观条件及其内在规律制约。在方法的使用过程中，不是随心所欲地靠主观臆断来进行，只靠主观臆断的方法是不符合客观规律的，在使用的过程中也会出问题。正确的方法是能够客观反映活动对象的内在规律，也就相应地受其影响制约着其适应范围和有效程度。由此得知：方法具有适用性。例如，在面对不同的客观对象的过程中，我们不能千篇一律地使用同一种方法去解决问题，要根据事物的差异性采取适用的方法。越是符合客观规律的方法，也就越能够有效地实现其目的。

3. 主观能动性

在方法的使用过程中，人们要充分地发挥主观能动性。在选择方法之前人们需要对事物进行全面的分析，而分析的过程就是人们的思维发挥主观能动性的过程，人必须通过思维活动全面正确地认识整个活动过程的各种因素及其相互间的种种关系，深刻了解这个活动与其他活动之间的关系，从而创造性地提出处理这些关系的科学方法。方法在产生与运用的过程中，需要自觉的能动性，才能有源源不断的动力。

4. 创造性

方法从产生、确立到应用的过程是在不断发挥主观能动性的过程，而在此过程中不仅需要遵从客观规律更需要根据事物发展的不同阶段来提出不同解决问题的方法，在方法的运用过程中，需要创造性思维，不可一成不变，因此创造性是方法的特性之一。

5. 实践性

方法最终是要指导人们在认识与改造世界的过程中解决问题，同时在解决问题的过程中，人们对方法的提高也会越来越深入。方法促进劳动实践活动高效有序地进行，同时劳动实践也促进了方法的发展与完善。方法与实践活动之间存在密切的关系，因此实践性是方法的特征之一。

6. 科学性

方法是从大量知识中抽取出来的，不论是从获取来源来说还是从作用方式来说都具有不同程度的科学性。人们在应用方法来指导认识世界与改造世界的过程中，反映了各个主体、客体之间的关系和规律，所以无论从哪个层次来讲，方法都不同程度地具有科学性。

2.1.3 方法论的概念

从方法定义的角度出发，人们有不同的理解。那么什么是方法论呢？通俗的理解就是关于方法的理论。方法论是专门研究方法的学科，也是我们在认识世界、改造世界的过程中关于各种方法的理论。方法论是一种以解决问题为目标的理论体系或系统，通常涉及对问题阶段、任务、工具、方法技巧的论述。方法论会对一系列具体的方法进行分析研究、系统总结并最终提出较为一般性的原则。

2.2
设计方法论

方法论是方法的"总和"，或者可以说是方法的方法，在人们认识世界与改造世界的过程中，方法论给人们提供指导作用，是一门实用性科学。设计方法学是研究产品设计规律、设计程序及设计中思维和工作方法的一门综合性学科。设计方法学以系统工程的观点分析设计的战略进程和设计方法、手段的战术问题。在总结设计规律、启发创造性的基础上，促进研究现代设计理论、科学方法、先进手段和工具在设计中的综合运用。对开发新产品，改造旧产品和提高产品的市场竞争力有积极的作用。

设计方法论则是关于设计活动的指导性方法的综合，指导人们进行设计活动。设计方法论是研究设计对象、设计规划、设计目标、设计环境、设计内容、设计进程和步骤以及设计评价相互关系的一门学科。历史的发展证明，正确的具有指导性思维的方法论在实践的过程中能发挥巨大的威力，达到事半功倍的效果，那么，在设计领域这一门实践性较强的学科中设计方法的重要性尤为重要。

为满足产品设计的需要，人们对设计方法学进行了进一步的研究。如德国学者着重对设计原理、设计过程和规律进行系统化的逻辑分析，编写了设计模式和规范供设计人员参考。美国、英国学者则侧重于设计方法的创新，在计算机辅助设计、优化设计、价值工程设计、可靠性设计等方面做了许多有益的工作。苏联学者从数百万件发明专利中分析总结了解决问题的方法与措施。德国的罗伊雷赫1875年他在《理论运动学》一书中第一次提出"进程规划"的模型，即对许多机械技术现象中本质上统一的东西进行抽象概括，形成了一套综合完整的程序和步骤。这是最早对程式化设计的探讨，并公认他是设计方法学的奠基人。直到20世纪40年代，Katzhach等人相继地在程式化设计的内容和方法、功能原理设计、设计评价原则等方面开展了一系列的研究，促进了设计方法学的进一步发展。

直到20世纪60年代，一些工业国家学者从引进消化吸收到进一步发展与创新，提出了自己的设计理论与方法：如质量功能配置设计法和二次设计法等。

1985年9月美国国家科学基金会提出了一份"设计理论和设计方法研究的目标和优化的项目的报告，该报告概括了五个方面的内容：一是设计的系统化方法与定量方法；二是方案设计（概念设计）和创新；三是智能系统及以知识为基础的系统；四是信息的综合和管理；五是设计学与人类学的接口问题。

20世纪70年代以来，在国际上成立了国际工程设计研究组织（Workshop Design-Konstruktion，WDK），此后，WDK又发起组织了一系列工程设计国际会议（International Conference on Engineering Design，ICED），还组织出版了有关设计方法学的丛书。

1980年以后，德国、美国、日本等国学者不断来华讲学，为我国学者向西方学者学习创造了良好的条件。1981年3月中国机械工程学会机械设计分会首次派代表参加了ICED罗马会议，于1983年5月在杭州召开了全国设计方法学讨论会，并相继成立了全国性和地区性的设计学会。

2.3
产品设计方法论

2.3.1 产品设计方法的理论基础

产品设计方法是研究产品设计过程中的设计规律、设计程序以及设计思维的一门综合性学科。产品设计方法要从战略的角度分析产品，从设计思维到设计成果的系统过程。

产品设计方法论经过了几个重要的时期。从工艺美术运动开始，到德意志制造联盟，许多的设计实践在包豪斯得到了升华，从设计教育的角度被归纳为一系列的规律和规范，这些规律和规范共同构成了设计意义上的系统的方法论。这个时期的方法论强调工业化大生产与手工艺生产的区别，提出产品设计需要在大规模生产下为普通大众服务，虽然把美学放在了重要的位置，但还是要求"形式追随功能"，即推崇设计的合理性。从 20 世纪 30 年代开始，随着美国工业的高速发展，设计实践得到了极大的丰富，特别是在交通工具领域。在包豪斯的基础上，美国的产品设计行业发展出了自己的设计方法论体系，更加强调设计的商业性，"形式追随功能"变成了"设计追随销售"，设计成为有计划的商品废止制的最佳实现工具，样式成为设计最重要的考量。第二次世界大战之后，随着欧洲和日本的复兴设计，实践变得更加多样化，产品设计方法更多地考虑文化因素，强调表现地域性。人机工程学被引入设计方法论，开始把人放到设计的中心。同时设计被整合入企业的产品开发流程，人们开始从企业整体经营的角度考量设计。20 世纪 80 年代末 90 年代初，随着信息产业在美国迅速兴起，产品设计的实践随之进入了一个全新的阶段。以计算机为代表的信息产品是人类社会史上前所未有的产品，它们的功能、特征和属性完全突破了人们对产品以往的认识，导致原有的设计思想和法则难以胜任该类产品的设计指导工作，于是产品设计方法论研究进入了一个新的环节。

在此过程中，我们可以看到随着时代生产力发展的不同，产品设计方法也具有差异性。

2.3.2 产品设计方法的内容

在产品设计的过程中，适合的方法是帮助达到产品设计的预期目标。

（1）分析设计过程及各设计阶段的任务，寻求符合科学规律的设计程序。将设计过程分为设计规划（明确设计任务）、方案设计、技术设计和施工设计四个阶段，明确各阶段的主要工作任务和目标，在此基础上建立产品开发的进程模式，探讨产品全寿命周期的优化设计及一体化开发策略。

（2）研究解决设计问题的逻辑步骤和应遵循的工作原则。以系统工程分析、综合、评价、决策的解题步骤贯彻于设计各阶段，使问题逐步深入扩展，多方案求优。

（3）强调产品设计中设计人员创新能力的重要性，分析创新思维规律，研究并促进各种创新技法在设计中的运用。

（4）分析各种现代设计理论和方法，如系统工程、创造工程、价值工程、优化工程、相似工程、人机工程、工业美学等在设计中的应用，实现产品的科学合理设计，提高产品的竞争力。

（5）深入分析各种设计类型，如开发型设计、扩展型设计、变参数设计、反求设计等的特点，以便按照规律更有针对性地进行设计。

（6）研究设计信息库的建立。用系统工程方法编制设计目录——设计信息库。把设计过程中所需的大量信息规律地加以分类、排列、储存，便于设计者查找和调用，便于计算机辅助设计的应用。

（7）研究产品的计算机辅助设计。运用先进理论，建立知识库系统，利用智能化手段使设计自动化逐步实现。

2.3.3 产品设计方法的原则

产品设计方法是研究产品设计规律、设计程序及设计思维和工作方法的一门综合性学科。产品设计方法论以系统工程的观点分析设计的战略进程和设计方法、手段的战术问题。在总结设计规律、启发创造性上，促进研究现代设计理论、科学方法、先进手段和工具在产品设计中的综合运用，对开发新产品、改造旧产品和提高产品的市场竞争力有着积极的作用。

产品设计方法在指导产品设计的过程中要坚持艺术与技术相统一、功能与形式相统一、微观与宏观相统一的原则。

1. 艺术与技术相统一原则

产品设计的过程是艺术与技术相互作用的过程。产品设计中的结构、材料、机械原理以及制造工艺等技术部分的内容帮助产品由设计思维实实在在物化成为产品，离开了产品设计中的技术部分我们的产品设计只能是纸上谈兵；而艺术则可以实现产品设计过程中美的需求，一件完整的产品不仅要满足功能的需求，同时要满足人们审美的需求，在一般人的理解中产品设计的技术比艺术更重要，在产品设计的历史中不乏很多偏重技术而忽略艺术的产品。

在设计历史中德国包豪斯提出了技术与艺术统一的问题。1919 年，包豪斯宣言中提倡："建筑师、雕刻家、画家，我们全都必须回到手工艺中去！因为艺术不是一种'职业'。艺术家和手工艺人之间没有本质的区别。艺术家是一位提高了的手工艺人。"格罗皮乌斯认为，艺术与手工艺不是对立的，而是一个活动的两个方面，他希望通过教学改革，使它们得到良好的结合，强调工艺与艺术的和谐统一。1923 年 8 月，格罗皮乌斯在包豪斯展览会开幕式上，发表了关于"艺术与技术的新统一"的演讲，明确了艺术与技术相结合的教育思想。

在产品设计的过程中，艺术与技术是矛盾的统一体，两者功能促进优良设计；只偏重其中任何一方面都会导致设计的不完整。在产品设计这个大的系统里技术随着生产力的发展不断革新，艺术也在不断发展，共同促进设计形成稳定的风格。在当今的时代我们需要通过优美的产品设计来体现科技进步、文化内涵、人文关怀和对环境的关注，唯有如此我们的设计才不是粗陋的。

2. 功能与形式相统一原则

在《现代汉语词典》中，功能是指"事物或方法所发挥的有利作用、效能"，形式是指"事物的形状、结构等"。从定义上来看功能与形式是产品设计两个重要的组成部分，同时也是产品设计方法学研究的重要内容之一。20 世纪初，以工业设计为主导的现代设计运动席卷整个欧美地区。它是建立在现代科学技术革命的推动下展开的，是建立在大工业机器生产之上的。它在理论与实践方面都取得了很高的成就，使人的生存环境发生了巨大的变化，也使人们的消费要求和审美趣味发生了根本性改变。功能主义的风格简洁、质朴、实用、方便。现代主义设计产生了一种全新的设计美学观，即"机械化时代的设计美学"。格罗皮乌斯指出："我们处在一个生活大变动的时期。旧社会在机器的冲击之下破碎了，新社会正在形成之中。在我们的设计之中，要的不是随波逐流式的随着生活的变化而改变我们的设计表现方式，绝对不应该从形式上追求所谓的风格。我们反对把形式与功能本末倒置，并且应该强调机械对工业设计的决定性作用。坚持贯彻'功能第一、形式第二'的设计原则，提倡设计应该'能够从实际方面完全达到自身的功能目的'。"这样设计出的产品才是可以应用、值得信赖、造价低廉和经济有效的。

随着时代的发展，传统的功能主义的设计样式和设计原理发生了变化，形成了多元化的设计。功能再也不是单一的使用功能，而呈现为复合形态，即物质功能、信息功能、环境功能和社会功能的综合。所以功能论并不过时，它也是动态的，不同时代赋予产品不同的功能内涵。孟菲斯集团和后现代的设计师就曾经提出：设计师的责任不是实现功能而是发现功能，新的功能就是新的自由。产品设计发展的历程表明：没有功能，形式就无从产生。因此，正确处理功能与形式的关系是产品设计方法论研究的重要内容。产品的功能与形式必然是合二为一的，没有功能、华而不实的产品是对消费者的欺骗和对社会资源的浪费；而缺少形式美的产品则是粗糙的物品。因此，我们既要反对华而不实的产品设计，同样也要反对虽实用却粗糙简陋的产品设计。总而言之，产品的功能和形式是相互依存的，同时又具有一定的对立性，它们是辩证统一的。

3. 微观与宏观相统一原则

产品设计研究的对象是人、产品以及环境。这里的产品设计所研究的对象就包含了微观与宏观的系统，在这一系统中通过人使用产品的行为连接成一体。产品设计最终是通过每一件产品的设计目的的实现来改变人们的生活，在设计的过程中需要从微观的角度去处理产品的功能、外观、材料、结构、人机、形态等一系列问题，而最终被投放市场供消费者使用之后就会对使用环境产生一定的改变与影响，这时就由微观的单个产品演变成了一种宏观现象。

2.3.4 研究产品设计方法的意义

我们在做任何事情之前都会有相应的规划以及预先设想的要达到的目标，会对事情的发展以及中间的过程做一些预先的估计，然后再选用适合的方法来完成。在做预先的规划过程中会把做的这个事情所需的投入与收益加以衡量，从而达到事半功倍的效果。然而在这个过程中为什么有些人做事都能做得很好，而有些人做事常常失败。好的设计师为什么能设计出好的产品？而有些设计师为什么设计不出好的产品呢？这里有许多原因，这就是产品设计方法学要研究的问题。可见产品设计方法学对企业或设计师至关重要。

产品设计的过程是艺术与技术结合的过程，在此过程中需要正确的方法做指导，从而达到事半功倍的效果。有了目标，还要有具体的内容和有效的方法，才能把事情做好。为了做好产品的研发及设计，一百多年来，国内外许多科学工作者对产品设计方法进行了深入的研究，取得了大量的成果。

第二次世界大战后，世界性规模的技术革新已经掀起，生产量与信息量剧增，人们价值观的变化与新的需求的产生，无疑使设计环境变得复杂起来。那种传统的、专凭直觉需求进行的设计，那种专凭经验为依据的设计，以及全部依靠试验进行辅助设计的方法，因设计周期长和带有极大的偶发性的自发设计，已无法适应新的形势，所以总结设计方法的经验教训已成为当务之急。

科学技术的迅猛发展，促使现代科学技术的整体化，自然科学和社会科学的交叉，新的边缘学科，如控制论、信息论、系统论等边缘学科的产生，同样促进了现代设计与相关学科的相融，使之现代设计方法横向超越相关类型科学的发展。科学技术越是发展，其专业分工和综合化的职能也随之增强。科学的细化，生产的专业化，势必使设计与制作产生分离，迫使人们去寻求设计策划的综合行径。

人类已进入了知识经济时代，经济的发展首先必须依赖人的智慧，因此，我们要把事情做好，把事情做成功，必须依赖人的正确的思想，必须依赖先进的科学技术。

2.3.5　产品设计方法的应用及发展

自从社会分工使得产品设计（工业设计）成为一门独立的专业或职业以来，它处于一个与其他学科交融但又边缘化的地位。产品设计与科学技术、艺术文化、社会环境、历史人文、自然地理等都有着或深或浅、或隐或显的联系。柳冠中教授认为在设计的理论研究中以及在设计教育和实践领域中，人们对产品设计的认知一般有两种态度：一种认为设计是经验性的，不可传授；另一种认为设计是一门科学，可以通过分析、研究等方法来解决问题。这两种截然不同的态度直接导致认知上的差异性：产品设计是科学的还是艺术的；产品设计是方法的还是经验的；产品设计是分析的还是自觉的；产品设计是逻辑的还是形象的；产品设计是感性的还是理性的？

人们随着对客观世界的认识深化和生活水平的提高，对产品的要求也愈来愈高。因此，产品设计方法要适应飞速发展的科技以及日新月异的产品需求，就需要不断地改进设计理念，使用先进设计制造技术，提高产品质量，降低成本，提高生产率，生产出符合用户需求的高科技产品，这也是现代产品设计方法的发展方向。

随着时代的发展，设计越来越职业化和专门化。不同的设计专业逐渐形成适合自己学科的设计时，必须从系统的角度来全面考虑各方面的问题。既要考虑产品本身，又要考虑对系统和环境的影响；不仅要考虑技术领域，还要考虑经济、社会效益；不但要考虑当前，还需要考虑长远发展。现代设计方法将会是各学科群之间的相互交叉渗透越来越频繁的一门综合性学科，涉及的内容十分广泛，而且随着科学技术的飞速发展，必将会有许多新的设计方法不断涌现。

第二篇

创造性思维与设计方法

第 3 章

设计思维

★**教学目标**

本章教学目标旨在通过对思维与创造性设计思维的内涵、特点、基本规律、形式与法则的介绍与详解，在形成对思维与创造性设计思维的基本认识与了解的基础上，学习掌握创造性思维的训练方法，以及知晓如何进行设计思维。

★**教学重、难点**

本章的重点是熟悉掌握设计思维的基本概况、思维之间的关系与转换，以及如何进行创造性设计思维的自我培养与训练；理解和把握设计思维的规律与设计思维形式之间的辩证关系是本章的难点，因为只有知晓思维之间的辩证关系，才能真正实现思维之间的自然转换。

★**实训课题**

通过观察生活，从生活以及身边的学习环境中入手，找出生活中不方便的地方和存在的问题，并运用创造性设计思维的形式与法则去设想，去解决存在的问题，尽可能多地提出解决问题的方案。

在产品设计实际中，我们通常从产品设计的艺术性、审美趣味性、适用性、专业技术性、风格，以及专业工艺等方面去审视和欣赏设计大师创作的作品，却少有花时间思考设计大师是如何进行设计思维、如何构思设计的，然而设计思维恰恰是设计好产品的开始和关键因素，尤其是创造性思维。对于设计者而言，掌握与应用专业技术和理论并非难事，但如何运用创造性思维进行设计，并将设计创意表达出来，却是一件非常难的事。其原因不是设计者不知道去思维，而是不了解应如何去建构设计思维。IDEO 设计公司总裁蒂姆·布朗（Tim Brown）在《哈佛商业评论》中指出：设计师的"设计思考是以人为本的设计精神与方法，考虑人的需求、行为，也考量科技或商业的可行性。"这里蒂姆·布朗标明了设计思维过程中几个关键的概念：以人为本——精神与方法；人——需求与行为；可行性——科技与商业。只有这样，设计师才能够运用设计思维实现创新性设计。

3.1
设计创造性思维概述

3.1.1　设计创造性思维的含义

在英语中，"thinking"即"思维"。在汉语中，思维是"思"与"维"的组合词。"思"可理解为思考或想；"维"可以理解为方向或序，《词源》中指出，思维就是思索、思考的意思。综上所述，思维就是沿着一定方向的思考，也就是有一定顺序的想。

从思维的过程来看，思维是人们对客观世界的理性认识过程和结果，该过程是建立在先验（包括客观感知先验和理性认识先验以及所获知识先验）的基础之上，是遵循一定轨迹的认识过程。从这个意义上来说，思维具有"维"而使得"思"具有一定的约束性和保守性。原因在于：一方面虽然获得的新认识是对先验知识的补充、调整、改善，但它仍然不会偏离思维的基点——先验认识，也不会发生根本性改变和被替换，因此人们思维过程是一个缓慢而又不断进化的过程；另一方面，思维的过程和形成的结果是以人的行为指导或对事件与行为判断的依据，而先验之外的事物对于人们而言具有极大的不确定性和风险不可测性，这就意味着风险与危险无法把控，通常人们大多习惯在先验框架内进行思维，这也就是人们的思维通常较为墨守成规的主要原因。

创造性思维是指以先验为基础且不局限于先验，以跳出原有先验框架、思维模式界限与边界的视域与角度，对客观世界感知予以新的理性认识，创造出独具新颖的解决方案的思维活动过程，并由此而产生别具一格、有价值、有意义的成果。

产品设计的实质就是一种思维过程，是一个将设计者的思维活动逻辑化，并以设计语言的方式，将虚拟化思维转化为可视化产品的思维过程，即通过设计元素的运用将设计者的想法以具体的产品形态方式表现出来。设计创造性思维是指以现有设计理论与方法为基础，且不限于此，以跳出原有理论与方法的框架与思维模式的界限与边界，以及跨界的视域与角度，对目标产品设计予以新的理性认识，创造出独具新颖的解决方案的思维活动过程，并可由此而产生独具价值性、适用性与视觉审美效果的设计成果。以椅子设计为例，设计界对椅子的理性认识早已形成共识，并对椅子的基本形态形成了一种定式，设计者关于椅子的设计基本上都囿于思维定式，即使椅子的形态各有不同的差别，但始终没有突破其共识与定式。然而由 Peter Opsvik 设计师设计的 Gravity Balans Chair（零重力椅）则不同，这把椅子形态非常奇特新颖，体验感受亦甚为奇妙，虽然是把椅子，但是休息的时候采用完全后仰的姿势，重力平衡点从腿部提升到了坐者心脏的位置之上，坐者能体验到一种完全放松的失重感（见图3-1）。同时，这把椅子还具有直立坐姿（见图3-2），直立时椅子向前倾斜骨盆，直立的脊柱能锻炼和加强腹部和背部肌肉。其设计思维即符合设计理论与方法，却又超出了现有先验，实现了与众不同的设计思维效果，这即是设计创造性思维的经典例证。

图3-1　零重力椅休息时的状态　　　　图3-2　零重力椅直立坐姿时的状态

3.1.2　设计创造性思维的特征

（一）反常规性

设计创造性思维之所以具有创造性，是因为设计思维具有"反常规性"，即不完全按照常规思维进行产品设计思考，而是另辟蹊径，从人们意想不到的角度，或者是借用其他门类的知识与经验进行设计思维。

常规思维是人们的一种主要思维模式，它是人们在长期的社会实践中，通过长期经验累积而形成的。经验的获得一般有两个途径：一个是直接获得，即通过自己亲力亲为的实践与总结而来；二是间接获得，即通过书本知识学习与他人介绍而来。不论是直接经验还是间接经验，均是实践或实践修正后的总结。设计活动也如此，所形成的设计经验即为业界与设计者所共认，形成了固定的设计思维模式。因此，通常情况下，设计者习惯于常规思维设计，并局限于此。而创造性设计思维的反常规性则就是要打破常规，突破常规的界限。2013年中国创新设计红星奖获奖作品中，由全球音响制造业顶级品牌哈曼卡顿（Harman Kardon）设计的"Aura音箱"（见图3-3），完全突破了以往音响产品设计中的设计常规，从受众视觉美感的角度，毫无先例地采用了透明的外观，类似于节能灯具的造型结构，使其造型非常奇特——更像是一种华丽的灯具，而不是音

图3-3　Aura音箱

箱。这款产品突破常规的创造性设计思维在于以下三点：一是寻求受众视觉美感的享受，而非常规设计思维上单纯音的质量的追求；二是材料，这之前所有的音响设计中的音箱均没有采用透明材料的先例；三是造型，透明材料的应用必然导致音箱造型的变革，这些创造性的变革具有极具意义与有价值的影响。

但需要注意的是，产品设计的创造性思维绝不是可以随意"反常规"的，"反常规"的思维方式必须是基于基本属性基础上的创造与突破。

（二）独创性

思维的独创性在于思维的始源性独创，即先于其他人的思维而独创，先于其他人而得到思维成果，这是确立设计创造性思维的基点。纵观世界各国的顶尖设计大奖，如德国红点设计大奖（Red Dot）与IF设计大奖、法国Janus奖、美国IDEA工业设计优秀奖、英国DBA设计奖、日本的G-mark设计大奖以及中国创新设计红星奖等，其获奖作品均体现了设计思维的独创性，这也就意味着始源性独创思维与独有的思维成果是世界各类设计竞赛评奖及设计师获奖的评价标准。思维的独创性最主要的思维逻辑是利用一切可以利用的合理的其他要素或元素，而"合理"强调的是要素或元素是否符合本要素或元素设定的基本规则，且是否达成目标。

（三）跨界性

所谓跨界是指在设计思维过程中，为了顺应和适应事物本身发展的需要，跨越其本身门类的界限而实现融通和组合。跨界思维中，是指运用跨界方式，实现多角度多视野地看待问题，并提出解决方案的一种思维方式。

在信息技术、大数据、集成创新以及互联网技术等多种技术与知识的支持下，学科的边界与界限被打破，而各种知识之间的关联性越来越强，知识已逐渐步入互融状态，即知识的跨界融合。在2015年5月举办的"CES创新设计与工程奖（上海）"（美国国际消费类电子产品展览会）中的获奖作品"AIR2磁悬浮蓝牙音箱"（见图3-4），便是跨界思维的经典成果。"磁悬浮"是一种模拟微重力环境下的空间悬浮技术，目前比较成熟的是电磁悬浮技术，通过跨界思维将磁悬浮技术应用于

图3-4　AIR2磁悬浮蓝牙音箱

音箱并彻底解决了音箱与其他界面接触面积大小与音质保障的问题，使音箱的音质和音效达到了最佳；其二，悬浮的音箱不仅强化了音乐的动感，而且极大地增强了视觉的感受，只要看到在音乐声中悬浮的音箱，就会让人产生出一种可心领神会却无以言状的心动体验。

（四）逆向性

逆向思维，与正向思维相对，也称求异思维，主要是指不按照常规或习惯性思维而逆向思维的一种思维方式，即"反其道而思之"。从事物与问题的对立面思考问题，进行探索，以求得全新的思维结果。一般情况下，在进行事物的研究或问题的解决过程中，人们习惯于从事物与问题的正方向去分析和研究问题，也即习惯于以目标为导向去分析研究事物与问题。而逆向思维恰好相反，是以问题为导向，以目标为方向进行思维。其思维只针对问题进行思维，不做任何的预先设置，也不受目标的限制，所有解决问题的思维选项均在考虑与选用之列，是完全自由的。在思维的过程中，不追求思维与目标的一致性，而是致力于提出问题的解决方案，故逆向思维的开放性往往可以收到意想不到的（既在规则之中，又在规则之外的）创造性思维效果。

以"感觉（sense）"变温奶瓶为例（见图3-5）。用奶瓶给婴儿喂牛奶，其牛奶的温度如何把握，是令妈妈们颇为伤神的事情，问题便产生了——父母喂牛奶时，如何通过奶瓶直接识别牛奶温度。若按照正向思维，首先设定"怎样使牛奶体现出温度"这个任务目标，然后以此目标为导向去解决问题。这种思维的结果就是在牛奶瓶上设计一个温度计，这种设计方案显然不是最理想的方式。如果按照逆向思维的方式，首先设定的问题是"牛奶瓶如何才能反映出温度"，然后围绕问题去达成目标，即为了实现温度的可视性而去设计牛奶瓶。这种思维将设计者的设计思维导向问题角度：如何反映出温度。在这个思维引导下，一切思维均为解决温度问题而思考，这里的牛奶瓶只是一个最终完成的目标概念，不论是牛奶瓶的形态，还是制作材料的运用，均服从于温度的需要而没有确定。基于此，日本设计师内田亮太运用逆向思维原理，从解决温度出发，创造性地设计出"感觉（sense）"变温奶瓶。这款产品设计采用热敏变聚丙烯塑料制作奶瓶的奶嘴，这种材料最大的特点就是材料颜色随温度的变化而变化，当牛奶温度过冷时，奶嘴为蓝色，过热时，奶嘴显示为粉色，当温度正合适时显示为白色，与瓶盖颜色一致，中间温度时为区间渐变。设计师内田亮太运用逆向思维实现了奶瓶温度可视化的目标，解决了父母喂牛奶过程中牛奶温度不可知的麻烦，该作品获得2013年红点概念奖。

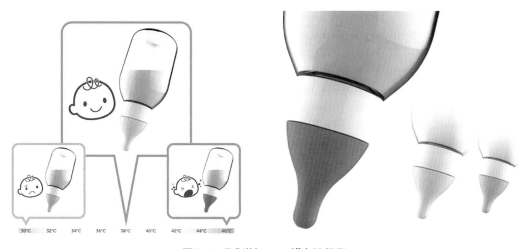

图3-5 "感觉（sense）"变温奶瓶

（五）延续性

延续性即继承性，是人类在发展进化中所保留下来的东西。延续性为设计创新思维提供了思维基础以及创新的方向。设计创新思维也是在传统或原有基础上实现的突破与创新。2014 年美国 IDEA 工业设计奖获奖作品"自动摇晃功能婴儿椅"（见图 3-6），便是在儿童椅上功能的延伸。该产品创造性思维在于运用多学科原理，通过将座椅部分与底座部分重心保持同轴，而将独立单体支架前置的结构方式，使座椅部分重心与支架错位。在座椅没有承载重量的时候，整个椅子是平稳静止的，一旦将婴儿置于座椅上，则会因为重量失去平衡，在惯性与弹力的作用下实现自动摇晃功能，从而实现了设计目标。从表面可视化形态上来看，整体上与我们熟知的传统椅子基本类似，其主要功能也与传统椅子无异，其椅子上的安全带，也属于传统意义上的安全措施，让人一看，就可以推测到这把椅子是专门为婴幼儿设计制造的。从这一点上，"自动摇晃功能婴儿椅"与人们对椅子的认识没有多大的不同，然而从形态上与功能上又与传统迥异。由此，这款产品完全是在传统概念上的再创造，我们既可以将这个产品视为一款全新的产品，也可以看作一款新的椅子，但却是实实在在的一款新产品。因此，设计的创造性思维是对传统的突破。

图3-6　自动摇晃功能婴儿椅

3.1.3　设计创新思维的形式

一般而言，思维具有两个层面，一个是心理层面的，多表现为具象形态认识过程，一个为精神层面的，多表现为抽象意识认识过程，前者以感性思维为主，后者以理性思维为主。就设计而言，多以具象形态思维为主，同时，从产品设计应用的角度，我们在论述思维形式与法则时，侧重点不在哲学层面，而是在社会学与设计思维实际应用层面，这一点需要注意。

（一）抽象思维

抽象思维又称逻辑思维，是人们通过将事物的本质属性和共同规律从具象中抽取出来，在进行综合、归纳、分析、总结的基础上，予以推理、判断形成具有普遍意义，或某一特定意义的概念的思维认识形式。只有通过逻辑思维，人们才能达到对具体对象本质规律的把握，进而认识客观世界。

（二）形象思维

形象思维又称艺术思维，是运用具体形象、表象以及表象的联想所进行的思维。形象思维是一种由表象到意象的思维活动，即有感于或依据某一客观具象或形态而构思出一种新的意象或形态的思维活动，其思维活动介于感性与理性之间。形象思维将视觉感知到的客观事物或形态的表象信息等，通过大脑对感知表象信息与已存储信息进行类比，组合而建构出一种新的事物之形状或意象之形态。比利时一家公司设计的蜂巢旅馆（见图3-7），所谓"蜂巢旅馆"是设计师有感于蜜蜂构造蜂巢生成

图3-7 比利时蜂巢旅馆

的建筑形态具有一定的趣味性，于是就此正六边形形态与大脑中存储的经验、知识及其他相关信息进行分析类比思维，从而归结建造了蜂巢式旅馆，而且这些正六边形的单巢可以相互堆叠，最高可堆叠四层楼，最多可以为 50 人提供住宿，仅占地 100 m²。蜂巢式旅馆与蜂房容量大、耗材量少、最经济的结构非常形似。形象思维除了具有较为感性的一面外，还具有偏理性的一面，这方面的形象思维多为意想，以形态为主。这种想象的形态并不是凭空产生的，它是在社会实践活动中产生和发展的，以实践经验和知识为基础。

（三）发散思维

发散思维是指以不同视域多角度、多层次思考探索的思维形式。这种思维方式因其以新视域、新角度与新层次的方式进行思维，往往能实现新的突破，而产生出具有创造性的设想。

发散思维最主要的特征为"塔状思维"，由三个不同的性状思维层次构成：即广角性、融通性和独创性。所谓广角性，即能在问题导向下，短时间内从不同的角度与层次表达出多种概念与设想，表现为思维的"量值"；融通性是指发散思维能够调动所有存储信息进行多维度思维，表现为思维的"维度值"；独创性是指发散思维能够产生出不同寻常的新创意思维成果，表现为思维的"创造值"。三个层次中"量值"广角性思维处于基础层次，此一层次在于最大限度地提出思维设想的选项数量，并不对所产生的选项进行合理化论证，处于发散思维塔状的最底层；"维度值"的融通性主要在于对由广角汇集的设想进行筛选、甄别、归纳，以将有悖于问题方向的设想摘除，处于中间承接层次；"创造值"为发散思维的最高级阶段，也是思维结果阶段，在这个思维的过程中，对已经筛选的设想进行最后的分析比较，以获取最终的思维结果，发散性这种思维方式对产品设计非常重要。

为了解决晚上行走看不清道路的问题，一般人往往受心理定式的影响，一提到夜晚很快就想到用手电筒或路灯。思维灵活的人则会变通，提出突破常规的做法。比如图 3-8 和图 3-9 所示的这条由荷兰罗斯加德工作室设计的能在黑夜中发光的自行车道路。从表面上看起来与普通道路没有太大区别，但是这条车道上有上千块太阳能发光石，白天能吸收太阳能，到了晚上这些聚集的电能就化成了闪烁的星光之路，这样在行走中就能看清道路了。

（四）假设思维

假设思维是科学研究中被普遍应用的一种思维方式，主要是指为谋求对某一问题或现象的合理与适宜的解决，预先设定某种状态或者目标，然后根据已知知识、经验、原理进行归纳与分析、论证与解释，以探寻出合理或者适宜的解释与结果。假设思维对获得创造性成果具有非常重要的意义。

图3-8　利用太阳能发光石照明的自行车道　　　　图3-9　夜晚能发光的星光之路

3.2
设计师创造性思维的训练与培养

设计师最重要的特质是什么？英国创意产业贸易代表、英国普瑞谷设计董事长、中车四方全球创意总监保罗·普利斯曼（Paul Priestman）先生认为：对设计师来说，最重要的是"思考"，多角度思考问题的能力，思考如何创新以及创新后的结果。在这里保罗·普利斯曼先生从实践的角度提出了设计师应具有的两个核心特质：一个是思考，一个是创新。保罗·普利斯曼先生所强调的思考就是设计师应具有创造性思维。

就产品设计而言，创造性思维具有两个方面的属性：一个是产品功能方面的创新，它包括了功能、技术等；另一个是产品形态的创新，它包括了功能形态、视觉表达形态、材料、色彩等。对设计师而言，培养和善用创造性思维至关重要。

3.2.1　设计创造性思维训练

（一）突破思维阻力

一般而言，在进行设计思维活动中，设计师的思维会受到定式（惯性）思维和偏见思维的阻力，而使设计师创造性思维枯竭。偏见思维是指由于设计师局限性的经验和认知所引起的片面性思维方式，而惯性思维则是指设计师通常按照常理或前一思考路径的引导以经验方式继续思维的延伸，从而导致其他思维的闭塞。在设计创新思维过程中，应该竭力突破这两种思维的阻力。在设计过程中，要突破这两种思维的阻力，可采用以下方法。

1. 不断求异

图形创意思维的求异特征是因形象思维造成的。设计师从反逻辑的角度出发，在客观世界的事物中寻找形象的变异、质的变异。这种求异性有赖于设计师对形象的感觉，从感性出发，理性地思考问题。

2. 采用跳跃性思维

图形创意思维的跳跃性特征，是指思考问题的方式是非连续式的，导致思维发展的突变和逻辑的中断。表现为形象的反常，表面上不相干的物形却蕴含着本质上的关联。

它不是循序渐进的逻辑推理结果，而是在跳跃性思维过程中出现的超出想象的视觉形象。

3. 综合运用多种思维方法

图形创意思维的综合性特征，是指设计师需要有综合性的判断能力。图形的创造不是靠苦想就可以得到的，创造性思维是综合性思维的结果。它建立在对客观事物的形状、结构、秩序和意义的分析上，建立在多角度、多侧面、全方位的思维点的交叉和整合上，由此形成了从常规思维到逆向思维、反常思维、发散思维等多种创造性思维的形式和方法。

（二）抽象思维训练

抽象思维是从采用推理、判断、概念的方式抽象出事物的本质属性和共同规律的思维方法。其主要特征就是对事物的本质属性和规律给出一个基本概念，关注事物的重点在于"意"而非"形"。在具体的设计思维实践中，通过抽象出来的概念即可以反映出事物的本质属性，也可以依据具体的设计需要反映出事物的一方面属性，还可以是主要特征或者是某一方面的特征；同时，这个概念可以不追求科学的完整性，而只需要其合理性，只要能够合理地解释事物属性就行。

以设计椅子为例，通常在进行椅子的设计时，我们大脑中首先会有关于不同类型椅子的具象形态，然后根据这个几乎固定了的具象形态去进行设计，这就使得设计者不论如何去思维变化，都始终只能在固定的具象形态之中思维。而抽象思维所要做的是将椅子从具象形态中抽象出来成为一个纯粹的概念：用支架（支腿）支撑可供人坐及可以靠背的物件。当我们将凳子抽象成这样一个概念以后，关于椅子的设计思维就只有一种"意"，而没有具体的"形"了，思维顿时就无限开阔了，只要是符合这个概念的设想都可以选择尝试，只要你能够想到就都可作为设计的选项。如马克•纽森（Marc Newson）为日本品牌 Idee 设计的 Embryo 椅子（见图 3–10），设计思维即是源于子宫内胎儿的形态，胎儿的形态

图3-10　Embryo椅子

与抽象的椅子概念高度吻合，于是模仿而成。可以想象这个奇特的设计思维应该是马克•纽森因有所感而有所发的结果，其设计思维完全有悖于椅子的定式思维，看似有悖于常理，但却是合理的，而且具有非常强烈的艺术感，以及具有体验的欲望。

这里，我们需要对抽象思维培养过程中的合理性有一个确定：一是符合事物的本质属性；二是符合受众或者消费者的视觉美感与审美趣味。这两个方面互为条件，哪一方面的不足，都有可能导致设计创造性思维的失败。

就具体的抽象思维训练来看，抽象思维的程序与定式思维程序刚刚相反，前者是选择所有的选项，然后依据合理性进行选择，凡是合理的都可以成为选项，最后择优选取，是一个广角"择优"的过程；后者是优先排除所有与已知的知识、经验、规律不一致的信息与资源，然后在剩下的信息资源里面进行有限的选择，最后虽然也是择优选取，但却是一个"排除"式择优的过程。过程的不同也就导致了结果的完全不同，因此，抽象思维的训练重在反定式思维程序而思之，可于实际生活中随时进行思维训练。

（三）形象思维训练

形象思维是由表象发展到意象的思维活动，通俗地说，就是将感知或体验到的东西（包括物象或形态）重构出一个新的物象或形态。

形象思维具有激烈的感染力和非常丰富的想象力，且想象力没有明确的边界限制，其所构建出的新物象与形态既可以是此物象和形态，也可以是彼物象和形态，还可以是其他，是创造性思维较为有效的思维方式之一。

艺术的表达以形象为媒介，对客观事物从观察、联想、想象到表达出来，形象思维起着主要的作用。要培养形象思维能力，首先是要学会想象，这个是重点，不论是形象思维的特征，还是其思维实践，都表明想象是形象思维的一个重要特征。关键在于锻炼由此具体的物象和形态想象到另外的物象和形态的思维反应能力，可以采用有意识地去想象的方式来锻炼，乃至形成一种思维习惯。比如，"苹果"图标（见图3-11），当你看到这个被咬了一口的苹果标识，你会想象到什么呢？仅仅只是苹果本身吗？

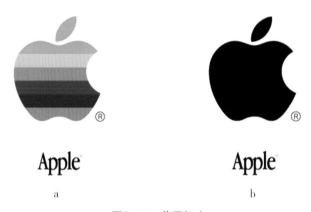

a   b

图3-11　苹果标志

其次是进行组合训练，即将两种以上的产品或者事物中相对较为合适的元素重新进行组合，直到组合成一种合适的新产品为止。以"胡子设计"的创意组合积木玩具为例，图3-12所示是一套积木玩具，这套积木有多个磁性连接点，这种组合方式让这套积木获得了很多组合方式，能组合出多级火箭（见图3-13）、哈勃望远镜、UFO和各种登陆舱，这些形态的组合不一定与实际形态相符，你可以用它们来构建标准的宇航设备，当然也可以用来制造只属于你的独有飞船。

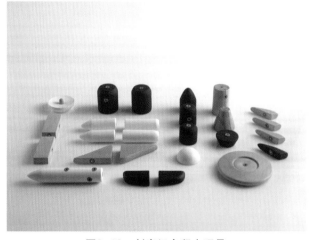

图3-12　创意组合积木玩具

a   b

图3-13 多级火箭

(四) 发散思维训练

发散思维是从开放的视域、多角度、多层次去思考探索问题，这种思维方式最主要的特征就是不受传统观念和既有知识经验的束缚和局限，尽可能地将思维放开，使设计者产生大量的设想和所有可能的选项，探求多种答案。

发散思维的培养首先要不受定式思维的束缚，放开视域。我们这里说的不受束缚与放开，不是说要去颠覆已有的知识、经验与规律，构建出莫名其妙、完全令人不知所以的东西来，而是说以此为基础，但不拘泥于此的敞开思维，不以主观下意识地设定视域的界限，而是让视域随意地延伸，实现视域的无限延展，由此而为我们的思维打开一个相对的无限空间。事实上，所有已有的知识、经验与规律始终是我们认识事物与思维的基础，我们所有做出的思维努力都是为了完善与发展已有知识、经验与规律，推动其进化。

(五) 假说思维训练

假说思维简单地说，就是假设某种状态或目标，然后去寻求合理或者适宜的解释与结果。就如牛顿所说："没有大胆的猜测，就没有伟大的发现。"假说有两种情况：一种是目标，是已知的或是既定的，在此基础上，假设其他的一些条件，另辟蹊径地去实现或达成目标；一种是目标完全假设，然后去论证或者合理地解释它。

假说思维的主要特征虽然是预先设定状态或结果，但假说思维不代表是盲目的猜测，其完成具有较为严谨的逻辑性和程序性：假设和论证。以产品设计而言，假说思维不要求其思维成果一定是符合科学的，却必须是适宜、合理与符合逻辑性的。

3.2.2　创造性思维与设计表现

设计创造性思维是一种突破性的思维，一种与常规思维全然不同的全新设计思维。在创造性思维成果转化的过程中，其思维是以具体思考的方式存在的，一旦设计思维完全转化为产品的可视化成果以后，设计者为产品设计所进行的所有创造性思维活动均隐含于产品形态之中，而无法完全直接向受众予以明示，是否会被受众与消费者了解与接受，则完全取决于产品形态的视觉表达。这样就为设计者提出了两个问题：一个是创造性思维实现转化过程的表现；一个是思维成果的表现。也就是如何使设计思维的图解表现能够为制作者所领会、所知和操作，如何让设计创造性思维能够最大限度地通过设计成果，表现接近或符合受众与消费者的视觉思维和视觉经验。归根结底，就是使设计创造性思维通过设计成果表现出来，其表现方式主要有以下几种。

（一）形态表现

形态是事物存在的样貌，或是在特定条件下的表现形式，形态是可以感知和把握的，是社会公众与消费者了解、感知和把握产品最直接的途径，它可以将设计的创造性思维非常直观地展现在社会公众与消费者面前，也是区别传统与创造性的既简单又直观的方式。特别在生活类产品中，由于这类型产品的功能除新技术的应用以外，基本是恒定的，因此形态是表现创造性思维最直观快捷的基本途径。

以设计师 Marta Szymkowiak 设计的一款看上去根本不像椅子的椅子（见图3-14）为例，这款椅子的形态与以往所有传统座椅大相径庭，上面坐垫的部分由长而软的聚氨酯泡沫制成。使用者不拘姿势，因为"坐垫"自己会去适应这个姿势，并把重量传递到椅子下方。这款椅子的创造性就在于形态表现方式。

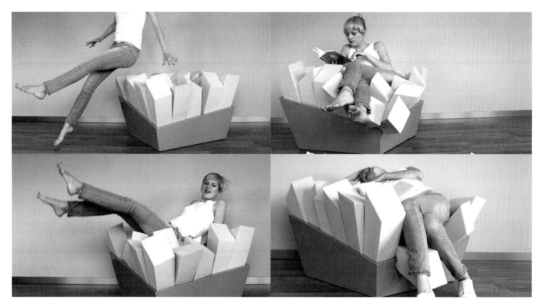

图3-14　几何形态的椅子

（二）材料表现

材料是产品得以存在与展现的主要载体，不论是传统型产品设计，还是创造型产品设计，其设计成果都必须通过材料来体现。因此，材料是设计创造性思维成果表现的主要方式，即从意想不到的角度，采用与常规大相径庭的且意想不到的材料以达到创造性思维的效果。随着社会现代化与高科技的进步发展，各种新材料层出不穷，在计算机技术与高科技技术的支持下，不少的新材料已不仅仅只限于某种或者几种用途，而是具有非常广阔的应用范围，应用边界已经非常模糊，其关键在于设计者是否足够及时掌握了新材料的信息、新材料的属性与特征，是否具有广阔灵活自由的设计思维。

以国家游泳中心"水立方"（见图3-15）为例，是根据细胞排列形式和肥皂泡天然结构设计而成。这种形态在建筑结构中从来没有出现过，创意十分奇特。其奇特就在于细胞排列形式和肥皂泡形态的表现，这种表现形态用常规的建筑材料是无法实现的，实现它的是一种在此前与建筑毫无关联的乙烯－四氟乙烯共聚，简称 ETFE 膜。ETFE膜是一种厚度通常小于 0.20 mm 的透明膜材，它可以根据设计要求加工成任何尺寸和形状，满足大跨度的需求，可在现场预制成设计需要的任何形状。正是因为 ETFE 膜材

图3-15　水立方全景图

料的这些特性，才实现了水立方设计团队伟大的设计创造性思维。

（三）空间表现

空间感是产品设计中一个非常重要的概念，也是体现产品存在的一个主要因素，没有空间感的设计，可以说就基本失去了产品的存在意义。设计创造性思维的设计空间表现，是通过对受众视觉空间的创造，依据人们在造型活动中主观的空间概念对空间知觉和空间感的认识而表现出来的。其空间知觉和空间感知包括了大小变化、形态矛盾、光影表现、表面形态变化、线的变化、色彩、互借互生的形态，等等，当把这些应用配合到恰到好处的时候，就为创造性思维的设计空间表现提供了良好的手段与工具。

如意大利艺术家 Carlo Bernardini 的作品（见图 3-16）。出于对视觉空间多样的专注，Carlo Bernardini 深入地研究线条和单色调之间的辩证关系。从 1996 年起，Carlo Bernardini 开始在作品中采用光纤，以光为切割空间和创造层次感的工具。在他的一系列艺术装置中，线性的光纤以简单的几何形状组合，并将黑暗的单一空间点亮。Carlo Bernardini 装置艺术的视觉空间感设计表现到了极致的境界，利用光扩大了空间维数，展现出新奇的空间视角。

图3-16　Carlo Bernardini的装置艺术

（四）意象表现

意象是一种意识形态，是知识、文化、经验、阅历经抽象后在人们大脑中沉淀转化并固化的概念和认知范式。它导引与主导了个体对各种知觉、感觉的反应与辨识，也就是说个体具有怎样的意识即会对事物有相对应的直觉与感觉，是人对某一事物、产品或场景等综合印象的认知，是一种抽象的概念表达。在社会生活实践中，人们通常是用意识来判断产品的优劣与好坏，以及是否传统还是具有创造性。因此，对于设计者而言，在设计表现上突破社会公众的固有意识，是实现设计创造性思维的良好途径。以"最忆是杭州"大型水上情境文艺晚会为例（见图3-17），即以多个从未有从多方面、多角度、多层次突破了人们的固有意识：水上文艺晚会从未有过、水上芭蕾从未有过、水上人力喷泉从未有过、水上大型舞美灯影从未有过，整台晚会就是创造性思维的集合。然而其设计创造性思维最大的成功之处就在于："水"和"月"直观的意象是人们意识共通的渊源，更是人类情感共通的基石。

这里需要注意的一个问题是：设计创造性思维的设计意念表现，基于所有产品设计的目标是满足社会公众与消费者的需求，故其设计意念表现不可过于坚持自我意念的表现，而是必须以社会公众和消费者意念为主导，方可达到设计创造性思维的效果，否则将失去实际意义。

图3-17　水上芭蕾（"最忆是杭州"文艺晚会截图）

（五）功能表现

功能与形态是产品赖以存在的前提，没有功能与形态也就无所谓产品，故产品设计功能上的创造性思维表现对推动社会经济进步的意义非常重大。设计创造性思维的功能表现通常是以新技术的方式表现出来的，比如，从电子管显示器到液晶显示器，再到LED显示器，就是技术创造的结果，然而要达到与实现这种以纯粹技术实现的创造性思维是非常艰难的，也是绝大多数设计师穷其一生也无法实现的。因此，我们所倡导的设计创造性思维的功能表现不完全是纯粹意义上的技术创造，而重点是对现有技术功能上的改良与完善，从而使其功能更加优化，认识这一点对创造性思维要如何在功能上去表现尤为重要。产品设计创造性思维实践表明，好功能的改良与完善对社会生活同样非常重要，同样属于创造性思维。

因此，设计创造性思维的功能表现是一个循序渐进、水到渠成的过程，不可刻意而为之，欲速则不达，而应该从产品功能改良与完善上着眼，逐步厚积而薄发。

第 **4** 章

产品设计的
创新思维方法

★**教学目标**

本章教学目标在于从社会学、心理学与逻辑学等多维角度介绍常见的几种产品设计的创新思维方法，以使学生了解和熟悉各种产品设计的创新思维方法的内涵及应用。

★**教学重、难点**

本章教学的重点是让学生了解与知晓创造性思维的社会性与心理方面的属性，以及对设计思维的影响与如何应用。难点是如何使学生理解思维的逻辑关系，从而把握思维的合理性与活跃性。

★**实训课题**

充分利用本章学习的产品创新思维方法对生活中经常使用的物品进行设计，通过对产品使用方式的研究，挖掘产品缺点并进行创新改进，设计出超越原有物品的产品。

4.1.1　批判性思维方法

批判性思维是指，运用推理去断定一个判断结果是否为真的思维方式。通俗地说就是对一个已经形成的判断结果进行反思，以检验这个判断结果是否合理与正确，属于一种针对思维的思维方法与技能。判断一个结论是否合理正确，如果只是循着原有思维路径去进行评判，不过是再走一回现路，肯定是无法检验出原有判断结论的真伪和存在的瑕疵的，必须另辟蹊径，以不同的思维形式，多角度、多层次地进行反思思维，才可能评判与判定真伪、检出瑕疵。批判性思维方法的应用主要有三个方面：因果关系推理演绎、谬误评判、选项优化判断。

（一）因果关系推理演绎

产品设计的因果关系指的是产品设计中所应用的各种设计元素，包括材料、技术、形态、色彩，以及功能等与产品设计目标之间的因果关系。它是一个系统思维的过程，因果关系推理演绎主要是求证产品设计所应用的各种元素及功能是否能够支持与满足设计目标，是否能够支持与满足市场需求，是否存在缺陷。对产品设计而言，因果关系推理演绎求证包括两个方面的内容：一个是产品设计思维与产品设计目标的因果关系；一个是产品设计思维与市场需求的因果关系。这两个方面的内容是设计好产品的重要标准，因此在进行产品设计的过程中应该以产品的目标受众为中心，始终以消费者需求为根本出发点进行产品设计。

（二）谬误评判

谬误是指，人的思维与认识发生错误与差错。由于人的思维是在多种主客观因素的影响下进行的，因此出现错误与差错的情况不可避免，这样就有可能使我们的判断和结论出现误判和差错。特别是设计创造性思维因其是对未有的产品进行设计，或是对产品进行全新改良设计，且无现成的经验、概念所依，其设计思维出现误判、差错的概率大大高于常规产品的设计，误入歧途也是常有的事。因此，在设计过程中以及设计完成以后，都必须对其进行谬误评判。

4.1.2　智力激励思维方法

智力激励思维方法又称为头脑风暴法，是由美国创造学家奥斯本于 20 世纪 30 年代发明的，是指就某一个特定的问题，以多人组群的方式，进行相互交流探讨、讨论修正、启迪补充，集思分享，以激励思维的发散，获得新思维和新创意，从而实现设计的创造性思维。这种思维方法最主要的特点就是以他人思维激励自身思维的发展，其应用是以多人组群集体探讨为前提，并遵循以下原则：自由思考、延迟评判、以量求质、综合改善。

（一）多人组群集体探讨

在进行智力激励过程中的激励一般包含两个方面的含义：自我激励和他力激励。就思维特征而言，思维是基于自我需要与外界客观因素刺激而产生的大脑自然活动，其中自我需要是人的本能需求，引发的思维同属本能反应，对思维自我激励的作用非常有限；而外界客观因素刺激则不同，所引发的思维是对客观因素刺激有意识回应式的反应，对激励思维具有较大的作用，因此智力激励思维方法强调的是他力激励，而不是自我激励。多人组群进行集体讨论具有集思广益、旁观者清与多个个体思维叠加互补等优点和特征，从而激励设计者独具新意的创造性思维。由此，运用多人组群集中研讨，重在集思广益，是实行智力激励思维方法的基础，也是突破思维难点与盲点、实现创造性思维的有效途径之一。此外，思维激励的目的是为了打开更多的思维之窗，发掘更多的思维点，因此，组群当以多元与跨界为最佳，以获取更开阔的思维视域。

（二）自由思考

自由思考的核心是标新立异（见图4-1）。智力激励思维的本质是以他人思维激发自我思维，实现思维互补，其关键就是思维开放。因此，自由思考是要求组群中设计者在相互研讨过程中，应采取充分自由思维的开放态度，既不为思维设置任何条件，也不应受任何常规思维的限制，提倡跨界思维，所有的所能想到的设想与观点均可以提出来交流，不必有任何束缚。这种无束缚的自由思维交流，无有离经叛道之说，也不存在怪异无稽之谈，所有思维均以最大限度地激活思维，去除思维盲点，创造新思维为目的。

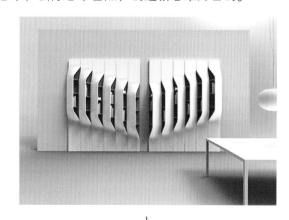

a   b

图4-1　书架形式感中的标新立异

（三）以量求质

在组群研讨会中，不以追求思维质量为目标，而是以寻求数量为目的，鼓励参与者尽可能地提出设想和观点，以从数量中获得质量，然后再在会后由组群召集人自行或组织进行专题的研判，从中发现获得积极的思维成果。

（四）互补改善

在组群进行智力激励思维时，虽然不应对参与者所提出的设想和观点进行现场的对错评判，但这不代表与会者之间不进行交流，而恰恰是应该积极鼓励相互之间进行无保留的分享性沟通，以此刺激和激励思维的进一步发挥。一是对某一个设想或观点进行不断的补充，以使之更加完善；二是将两个或是两个以上的设想或者观点进行合成，形成一个完全新的设想和观点。在这个分享的过程中，尽管不以评判对错为目的，但分享、补充的过程本身是一个汰劣存优，不断优化的过程，可由此而产生出令人始料不及的创造性思维。

综上所述，智力激励思维强调的是自由、开放、无羁绊约束，这种方法最大的优势是思维足够活跃，能够发掘出足够多，甚至是意想不到的好设想；但是，这种组群激励思维方式存在一个很大的问题，那就是因其极度开放而极易偏离目标，其参与者是否能围绕主题进行思维，以及思维论题的收放完全能在组群召集人的把握和掌控之中，是一件非常难以把握的事情。如果召集人缺乏把控能力的话，整个激励思维就有可能成为脱缰的野马，漫无目的而事倍功半，乃至一事无成，即得也源于组群协同思维，失也源于组群协同思维。在这个方面需要召集人很好地把握。

4.1.3 列举思维方法

列举思维方法是指运用分解法，将研究目标的属性、特征、优劣点、希望点逐一列举出来，予以研究比较分析，提出改良方案，以形成新的或创造性的设想。列举思维方法是一种最基本的创造性思维方法，它通过将众多不同个性归为一般个性，将众多相似共性归为一般共性，并归纳出一个共同结论的思维方法，在方案设想的形成以及目标的确定的方面具有较为积极的效应，被广泛地运用于产品设计设想与目标的遴选与确定之中。这种思维方法较为符合人们的思维认识规律，而且运用起来相对较为便捷，其特征是围绕设计论题逐层列出各种信息进行筛选提炼，去除不良信息，然后归纳出结论。

从产品设计创造性思维的角度，根据产品设计意图与目标的要求，列举思维方法的应用主要有如下几种。

（一）可能性与不可能性列举法

可能性与不可能性是指事物发生的概率，它预示着事物的发展趋势，是一种客观性的表现形式。在进行一项产品设计思维构想时，设计人员首先面对的设想是否成立、结果是否实现的诸多不确定性，这种不确定性由三个方面构成：可能性因素；不可能性因素；介于二者之间的因素。其中可能性与不可能性因素是关键。现实结果发生的基础源于事物发展的可能性；而不可能性是阻止与妨碍结果发生的根本性因素，当不可能性大于可能性，并达到一定程度的时候，其设想基本没有转化为现实结果的可能。因此，寻找并列举出结果实现的可能性与不可能性是产品设计创造性思维设想的基本要件，是产品设计思维构想必须要做好的前提性条件。

（二）特征列举法

不论是客观现实产品，还是产品设计概念，都具有一定的特征，只不过现实产品的特征是客观存在的，处于一种物化与可量化的形态，设计产品设想特征是处于构想虚化状态，前者较为确定，后者有待确定，特别是基于创造性思维设计产品的特征更是不确定的。因此，对设计产品特征与同类或近似现实产品特征的列举，并进行比较论证，或者特征嫁接，以完成创造构想，就显得尤为重要。

特征列举法应用需要注意的是：一是应力求将现实产品与设计产品的各种属性特征全部罗列出来，问题与角度越广泛越好，这样方能进行较为完整的比对与分析，以利于归纳总结；二是列举归类一定要准确，不可发生差错，因为归类的错误，必然导致定性发生谬误，进而影响结果的准确性；三是应从多个角度提出问题，尽量使问题特征能够涵盖设计产品，以便于设计设想、措施方案的确立。

（三）缺点列举法

任何事物皆有优、缺点，特别是创造型产品设计缺点始终存在于产品成果实现过程与实现之后，将这些缺点列举出来，即可对症下药，完善创意方案。在产品设计思维中，从产品应用的角度，除技术与功能方面的缺点以外，重点应在便利性、形态美观性、安全性、实用性等方面的缺点列举，其中又以形态美观性为第一重点。

具体到创造性思维产品设计实践，其缺点列举方法的应用方式没有具体的特定模式，可根据具体情况进行具体应用，比如调查方法包括问卷法与个人访谈法、专题会议法、实际检测法、模拟实验法、情报信息收集法等，只要是利于缺点列举的方法皆可以运用。

还应该参考的是，对于任何产品来说，都可以至少从以下七个思想方向来开展缺点列举：

（1）从产品的使用性能角度列举缺点；

（2）从产品的经济性能角度列举缺点；

（3）从产品的生产制作工艺性的角度列举缺点；

（4）从产品的技术原理先进性的角度列举缺点；

（5）从国内外相同相近产品的对比性中列举缺点；

（6）从产品的外观、包装、名称、商标及专利保护等市场竞争性方面列举缺点。

按照上述思路方向来列举，就能使缺点列举系统化与程序化。

（四）希望点列举法

希望点列举法简单地说，针对产品设计而言是产品设计设想希望达到的目标，而针对目标受众来说是目标受众希望达到的诉求。由此，可以看出，一项创造性产品设计设想的希望点包括了两个方面：设计者的设计目标、目标受众的诉求。

希望点列举在满足产品技术与功能的情况下，主要侧重于以下几个方面：

（1）生活品质的改善与舒适度；

（2）视觉美感与审美取向；

（3）社会文化发展趋势；

（4）时尚发展倾向；

（5）市场发展趋势与消费心理偏好；

（6）追求健康与养生的心理形态；

（7）知识、休闲怡情的满足。

从设计者的角度来说，希望点的列举是一种非常积极的主动性行为，所有列举出来的希望点都意味着设计者对此希望具有极为强烈的实现意愿，因而希望点的提出，对促进设计者的创造性思维有着非常积极的主观能动性的意义，其作用较为明显。

例如，自行车的设计，自行车是人们常见的交通工具。随着城市聚集的人口越来多，人们对自行车有越来越多的希望，比如小型化、用途多样等。SLADDA 自行车设计（见图 4-2 和图 4-3）赢得了 2017 年红点设计大奖。SLADDA 自行车满足了人们对轻松便携出行方式的需求。SLADDA 自行车车体坚固，车体与拖车和其他配件可便利运输重物，轻松代替汽车。前筐和后架和谐地组合在一起，既拥有多样的功能又非常适合骑行，还配备无须润滑的皮带传动。

图4-2　SLADDA自行车铝制车架，实现轻松搬运　　　图4-3　SLADDA自行车满足了人们便于运输的功能需求

4.1.4　类比联想思维方法

类比联想思维方法是指，为寻求对某一事物与问题的了解和解决方案，将此事物和问题与几种不同的事物和问题归在一起进行对比分析，由此及彼地联想事物的关联性和可比性，以求得事物之间的同异，从而启迪思维，获得创造性思维效果一种方法。类比事物可以是熟知事物之间的对比分析，也可以是熟知事物与不熟知事物间的对比分析，在对比中联想，其目的是通过不同事物之间属性的对比，联想到更加宽阔的思维点，以获得对事物认识的新信息，刺激思维的拓开。类比联想思维是一种跨越多种思维方式（如逻辑思维、形象思维、抽象思维、推理思维等）的综合思维方式，具有极强的思维跨度和思维灵活性，是极为重要的问题思维与推理方法。

（一）联想思维

联想思维是一种因此一事物而联系想到彼一事物，且没有明确思维方向的自由思维活动，它是发散思维的重要表现形式。联想越多越丰富，获得创造性突破的可能性越大。联想思维的形式主要有且不限于相似联想、象征联想、种类联想、因果联想、对比联想，等等。我们认为联想思维是多元思维，其思维本身就是发散性的，在实际的产品设计类比联想思维过程中，不应受所谓思维种类限制，只要是能够联想到的，只要联想到的设想是合理的，就是成功的，持这种思维态度更有利于设计创造性思维的实现。

以拉脱维亚设计师设计的扇子时钟（见图 4-4）为例，拉脱维亚捕捉到了扇子开合的状态与时钟的时针和分针的共通关联性，并且加以提取东方色彩应用到时钟的设计中。在这款时钟上你看不到刻度，

图4-4　拉脱维亚设计的扇子时钟

也看不到明显的时针和分针。时钟的时针和分针分别被扇子的两个扇骨代替。时光流逝，扇子则随着时光的流逝不断打开、合拢，就好像宇宙中生生不息的万事万物。

联想思维特征最大的优点是打开了所有思维的窗口，最大限度地降低了思维盲点出现的可能，以及提供了最大范围的思维度量，是开启设计创造性思维非常好的思维方法之一。但也正是这些优势附带出一个生搬硬套，牛头硬对马嘴，以至于不伦不类的问题。因此，从产品设计的角度，联想思维必须把握好一个原则，即合理性。这里所提出的合理性是指在产品设计中所有因类比而联想必须与社会公众和消费者的偏好、实际经验与美感，以及消费感受一致，不然，联想也就失去了实际意义。

（二）推理思维

推理属于逻辑学的基本范畴，是思维的基本形式之一，主要是指由一个或者两个以上的已知条件推导出结论的思维过程，是依据逻辑关系而进行演绎思维的过程，这个过程实际上就是一个类比过程。

逻辑思维强调思维的合理性，它是推理思维的主要形式，是确保推理思维合理的基本保证，因此推理思维活动不强调思维的科学性，只强调合理性，这与设计创造性思维的特性是高度吻合的。

以产品包装设计为例，产品包装是现代社会生活中不可或缺且对人与生态环境友好具有极大影响的重要问题。从设计的角度来看，在一种包装设计思维中，生态环境与现代工业不可再生式制造始终是一对矛盾，二者只能选其一，若选择生态环境，则一定得保持前后一致，即以生态环境为产品设计意图，以"生态—自然资源利用—可再生—满足消费者生活态度"为设计思维主题，并一以贯之。这一严谨的产品设计逻辑推理思维在"2016 国际包装设计大赛"获奖作品中得到了非常充分的体现。如希腊"mousegraphics"工作室设计的可持续性包装"植物纸浆水瓶"产品（见图 4-5），即以可持续性植物纤维组合而制成的纸浆水瓶。植物纸浆水瓶是世界上第一个既能实现人与环境友好、解决品牌环保策略，又能满足消费者生活态度需求的产品。这款产品从设计意图到材料选用到产品，再到市场与消费需求，都体现出了非常完整和谐的逻辑推理思维，使得整个产品非常完美，非常好地实现了设计创造性思维。

图4-5　植物纸浆水瓶

（三）比较思维

比较思维是依据一定的标准和规范辨别事物之间的异同，是思维过程中最常用的、极为普遍的一种思维方法。比较一般起源于问题，它可以应用于产品设计的任何环节之中，人在产品设计初级情报收集与选择阶段，其情报信息的去留、排除、主辅排序、定性甄别、优劣项遴选、选项确立等大多均可以通过比较思维予以完成，以此确保情报信息与设计目标一致，做出明确的判断。

从产品发展渊源，所有产品均是由初级向高级发展，由简单向复杂发展，在其发展中，不仅是同类产品，还是相似产品，比较思维基本上都是促进设计思维发展与产品发展的最主要方式。如最为基本的产品差异，即是比较思维的产物，而在不断的比较思维中，往往催生出各种创造性思维，开发出创造性产品。以 2015 年德国红点设计大奖获奖产品"DHE Connect 热水器"（见图 4-6）为例，即根据消费者在使用热水器时无法有效而准确地控制和掌握水温所带来的困扰，大胆地应用了最先进的方法来进行水温的控制，通过采用全电子控制的方式，连接 WiFi 网络，可以通过其专属的手机 APP 读取天气应用程序来让用户决定将洗澡水设定在什么温度。毫无疑问，这款产品的设计是运用比较思维的成果，而不仅仅只是应用了电子与网络技术，这些技术的应用，以及这个设想的产生，只有通过不断的比较才能实现。比如现有电子技术家电产品应用中的比较、网络技术应用中的比较、消费者体验的比较，等等，从而实现了产品功能的创造性改良。

图4-6 "DHE Connect热水器"

4.1.5 移植思维方法

移植思维方法指的是将某一领域已经发现或成熟的技术成果、原理和方法（此为移植供体）应用到另一领域（此为移植受体）的一种创造性思维方法，是实现创造性思维或解决方案最直接而有效的思维方法。这种移植思维方法不仅在社会初始发展阶段发挥出了巨大的创造性作用，而且在现代知识技术时代亦具有非常积极的作用，一些重大成果有时就来自移植，它是推动科学发展的一种主要方法。移植思维最主要的特点就是"拿来"为我所用，解决思维局限与落入冥思苦想的艰难困境，避免重复思维与重复研制的泥坑，强调供体与受体之间的相容性、相通性和优化性，从而实现再创造。虽然移植方案的设计没有固定模式，但归纳起来，移植思维主要从以下几个方面进行。

（一）形态移植

所谓形态，是指产品内在的质、组织、内涵等本质因素上升到外在的表象因素，通过视觉而产生的一种心理和生理过程。形态移植是在对自然生物体所具有的典型外部形态认知的基础上，将其中需要的形态特征通过相应的艺术处理手法将之应用到设计中来，寻求突破和创新。图 4-7 为大蒜调味瓶组。西班牙 PhotoAlquimias tudio 以大蒜的外形为灵感，赋予功能单调的调味瓶以生命的活力。在这组调味瓶的设计中，PhotoAlquimias tudio 运用形态移植将其与大蒜外形的结合做到了惟妙惟肖，就连外包装的白纸也模仿真正的大蒜的白色外衣。一个托盘和六个调味瓶，可盛放多种液体和固体调料，满足了食客不同调味的需求。

图4-7　大蒜调味瓶组

（二）功能移植

功能移植主要研究自然生物的客观功能原理，从中得到启示以促进产品功能的改进或新产品的开发。自然界中的生物在不断的优胜劣汰中将自身的生存功能发挥到极致，某些方面远远超过人类目前所能达到的科学水平，将生物精妙的功能运用到产品设计当中，从生物功能上获得间接或直接的启发，可创作出更精彩的作品。如图 4-8 所示 Kim Tae-Jin 设计的视觉手杖。视觉手杖通过超声波来识路，超声波是频率高于 20 000 Hz 的声波，生物界中海豚、蝙蝠等生物体会发出超声波躲避障碍。这一物理原理对视觉障碍的人外出行走提供了帮助。视觉手杖能够同时发出超声波和可见光线，超声波用来准确识别台阶、障碍物、距离等信息，获取的信息转换成声音后通过蓝牙耳机传输给使用者，从而让使用者对路况做出判断。

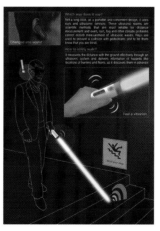

图4-8　Kim Tae-Jin设计的视觉手杖

（三）结构移植

生物结构在自然选择与进化中扮演了重要的角色，它决定了生命的形式与种类，并且具有其鲜明的生命特征与意义。结构移植是在对自然生物的结构有了一定的认知的基础上，再将产品进行整合创新设计，这样便使人工生产出来的产品一样具有自然界生物

图4-9　PicCells沙发

的生命力与美感特征。结构移植将自然界中生物的原型进行提炼，转换成具有设计师独特思维的造型元素，将创造性的思维与工艺相结合，再辅之以现代的设计理念，创作出既有时尚的原创之美，又不失原始自然的朴实无华的作品，体现的是一种共性之美。莫斯科的家具设计师 Igor Lobanov 利用结构移植的手法设计了一款多功能充气细胞沙发（见图 4-9）。PicCells 沙发是一款可以展开的充气沙发，由一个外壳和里面的细胞结构组成。在收起的情况下，沙发可以当作一个空间隔断使用。充气沙发展开之后，你可以看到里面有细胞状结构，重启之后可以变成柔软的沙发坐垫，外壳还可以当咖啡桌使用。沙发内部的细胞结构灵感源于橘子、树叶、蝴蝶、泡沫等植物、动物和物品的纹路，细胞之间相互关联并可以调整，不失为结构移植的典范。

（四）色彩、表面肌理与质感移植

自然生物体的色彩、表面肌理与质感，不仅仅是一种视觉或触觉的表象，更代表某种内在的功能需要，具有深层次的生命意义，对设计来说更是自然美感的主要内容。通过对生物色彩、表面肌理与质感的设计创造，可以增强产品的功能意义和表现力。

自然界中存在的不同明度、色相和纯度的色彩对人的生理和心理产生了千差万别的影响。色彩的情感不是孤立的，它必须和形象结合起来。具有不同心理功能的色彩在产品中的应用要依据实际情况而定，在塑造产品情绪和风格的过程中要充分考虑色彩的精神功能，使所设计的色彩在给人以美的享受的同时，还要对人们的生产、生活带来积极的效果。

表面肌理与质感移植是指借鉴自然物质表面的纹理特征，如自然的石材、木材、皮革等表面的肌理效果。肌理的语义有着丰富的感情色彩，如石材光洁的肌理代表着严谨、精密、冰冷的感觉，木材粗糙的肌理象征着粗壮、原始化、厚重的感觉，皮革柔软的肌理象征着自然、生命、安全的感觉。

移植思维方法应用需要注意的几个问题：首先需要注意的知识问题，应尽量避免侵权，防止不必要的纠纷与损失；其次是移植与类比的协同，必须对供体与受体共同点或相似点进行类比，共同点或相似点越多成功率就越高；最后是移植必须符合双方事物的客观规律，切不可随意和盲目。

4.1.6　组合创新思维方法

组合创新思维方法是指，将已知的若干元素合并成一个具有新性能，或新功效，或新形态的创新型事物。组合创新思维简单地说就是通过组合实现创新。其特征非常显而易见，即将两个或者两个以上的若干个已知的、成熟的，表面看似毫不相干的相关元素组合到一起，从而构成一个全新的产品。

组合可以是不受学科、领域限制的信息汇合、事物的结合、过程的排列，还可以指在技术上，将多个独立的技术原因，如原理、材料（见图4-10）、工艺、方法、物品等进行重新组合。

图4-10　意大利设计师Marco Stefanelli将树脂和LED灯具嵌入组合设计的系列灯具

日本创造学学者恩田彰根据组合的难易程度将组合形式分为以下三种：

（1）非切割组合：将现有的实物不加改造，或仅作外形改变，将原来的功能用于新的目的。

（2）切割组合：将现有实物中的部分结构要素切割开来，再将这些结构要素具有的功能组合起来，用于新的目的。

（3）飞跃性组合：运用已知的理论、积累的经验或突发的灵感，以创造性思维产生飞跃性的设想，最终创造出与现有实物在本质上有所不同的东西。

设计师 Fanny Adam 设计的一款集沙发、床、桌子、工作台功能于一身的沙发如图4-11 所示。根据恩田彰对组合难易程度的描述，这款沙发设计属于切割组合形式，当作沙发时就已经具备许多功能，底下的两个收纳柜，把手部分可放置饮料等物品；而将沙发的椅背部分往后摊平，就轻松变成了一张双人床，并将原本的沙发把手部分移至床头，不仅有了床头可放置物品的地方，就连原本的饮料置物架都成了贴心的侧架了。最后一个功能是一般沙发床所没有的，就是在沙发形态时，背后平行的木板其实就是用来

图4-11　集沙发、床、桌子、工作台功能于一身的沙发

当作桌子使用的，可在上面工作、读书、吃饭，等等。这款沙发就是通过组合法原理，在保持沙发原有功能的前提下，通过切割结构要素产生多种新的功能。

从思维方式与思维结果的表现形式来看，组合创新思维似乎是一种较为简单明了的思维，其实不然，它是一种综合性思维方式，它将多种思维方式融合在一起，比如顿悟思维、直觉思维、形象思维、联想思维、逻辑思维等。当这些思维较好地融合在一起以后，就会产生出一种思维性敏感，这种思维性敏感是一种综合性的思维形态，它可以使设计者在遇见或看到某一事物、技术或者形态时，会即刻产生或稍后产生一种敏感，即此物、技术或者形态可以应用到新产品设计之中，正是因为有了这种敏感，才可能有组合性思维产生，才可能有创新型产品。因此，组合性思维是合理的自然组合。此外，组合思维与移植思维具有多重一致性，故移植思维需要注意的问题，同样也是组合思维需要注意的问题。

第 **5** 章

设计问题
与设计方法

本章主要通过对设计问题的概念、设计问题的情境建构的讲解，通过案例分析和实践让读者建构起设计创新中的问题意识，掌握从设计情境和设计问题出发的产品设计方法，掌握发现设计问题的方法。

★教学重、难点

本章重点内容是设计中的问题意识，并在学习设计调查与设计问题分析基础上解决设计问题；本章难点是通过设计问题建构起设计情境模型，以及方案与设计问题的相互驱动推动设计细化。

★实训课题

发现生活中存在的小问题，用手绘草图或拍照的方式记录该问题的情境，在分析研究的基础上提出解决问题的设计方案，用情境故事板的方式表现该方案的最终效果。

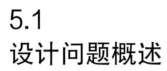

5.1 设计问题概述

5.1.1 理解问题

比尔·克莱姆曾经说过："怎么样"总在"为什么"之后。"为什么"是思维的逻辑起点，简单来说，"为什么"就是一个"问题"。正是这种"问题"意识才推动人类在自我认知的过程中不断完善和发展，也推动了科学技术不断向前发展。不能长久保鲜食品，人们会问为什么食品会腐烂，为解决这个问题，人们发明电冰箱；天气炎热，人们会问为什么天气炎热，如何降低温度，人类设计了空调………从生活中众多的类似案例中可以看出：问题是以需求为出发点的，是一种批判性思维，是一种寻找答案信息的请求。那什么是问题呢？简而言之，"问题"是一个抽象的概念，它表示某个给定的当前状态与所要求的目标状态之间存在的某种差异，"问题求解"过程就是想消除这个差异。思维的问题性表现为人们在认识活动中，经常意识到一些难以解决的、疑惑的实际问题或理论问题，并产生一种怀疑、困惑、焦虑、探究的心理状态，这种心理会驱使个体积极的思维，不断提出问题和解决问题。综上所述，要理解问题，必须理解问题的五个关键点：当前状态；假设及尝试性解决方案；目标状态；应答域；解题规则。

5.1.2 设计过程中的问题意识

产品创意设计过程的实质是创造性重组行为的过程，这种重组性行为是以人的需求为基础，以分析和研究为核心，通过整合和协调各方面的矛盾，思考解决问题的过程。可以说，需求是先导，问题是设计思维的起点和先导，又贯穿在思维的全过程中，思维过程即是发现问题、推断问题和解决问题的过程。而"设计问题"是指在某种情境下，设计信息和设计目标之间存在的差异。而产品设计师的"问题意识"则是产品设计师善于从当前设计情境和文化中敏锐地感知问题并去解决问题的内心状态。正是这种内心状态造成心理上的不平衡，从而激发强烈的求知欲和好奇心，唤起内心创造的需求与兴趣，促使自身积极的思考，不断探索解决问题的方法，又不断提出新问题。

问题例一：

很多人爱养花，在养花的过程中存在以下问题：一是主人长期不在家无人浇水；二是忘记浇水；三是不知道何时浇水。

针对上述问题英国一名大学生设计了一款智能花盆（见图 5-1），该花盆能通过传感器探测植物的生长环境状况，并在植物需要浇水时可及时提醒主人，也可实现自动浇水。

问题例二：

插座线的长度为 1.5～10 m，线长不能根据使用的距离来调整，产生了以下问题：一是如何有效调节插座线的长度；二是如何避免插座线到处缠绕而影响室内美观。

由可伸缩的卷尺受到启发，卷尺插座可以根据使用距离来控制线的长度，而且不用时可收回。卷尺插座设计最大限度地减少了存储空间（见图 5-2）。

图5-1　智能花盆　　　　　　图5-2　卷尺插座设计

问题例三：

以新能源问题探讨可持续设计问题。在全球能源紧张、环境污染日益严重、气候逐渐变暖等问题严重影响着经济的发展和人们生活健康的今天，世界各国都在寻找新的能源以求得可持续发展和在日后发展中获得绝对优势地位。太阳能是各种可再生能源中最基本的能源。如图 5-3 的概念设计中将太阳能用于车载叫卖广播系统的设计中。通过太阳能转化为电能实现对广播叫卖和自行车驱动的能量转化。

图5-3　车载叫卖广播系统设计方案

在上述案例及解决问题的过程中，我们可以看出：产品设计师的问题意识在产品的创意设计过程中尤为突出，然而设计师的问题意识不是凭空产生的，它在一定的程度上取决于主体的知识结构和文化背景以及主体对相关信息的感知和选择的能力。当设计师在接受项目、制订计划后，就需要通过市场调研来寻找问题，分析问题并提出设计概念，在此基础上进行设计构思，找到解决设计问题的方法。由此可见，产品开发设计过程的实质是发现问题、分析问题、解决问题三个过程的有机统一。

5.2
以问题为导向的设计创意过程

5.2.1　设计过程中发现问题的前提

（一）设计师的专业素养

在创意设计过程中，发现问题尤为重要，是产品创意设计的逻辑起点。爱因斯坦曾说过："提出一个问题往往比解决一个问题更重要，因为解决一个问题也许仅是一个数学上的或实验上的技能而已，而提出新的问题、新的可能性，从新的角度去看旧的问题，却需要有创造性的想象力，而且标志着科学的真正进步。"设计师要做到在日常生活中发现并提出问题，需要具备一个前提，那就是独特的观察事物的角度、独立的人格和创造性的思维。我们常常希望设计师提出问题，但值得注意的是，在设计时，问题常常不仅是产生于设计师的头脑，还有部分来自于客户——那些有需要但却不能解决需要的人。如图5-4所示，在现实生活中，当人们使用多个插头时，由于不同插头的尺寸不一，受形状影响部分插座孔受空间限制不能使用，这个问题是长期在使用插座过程中使用者发现和提出的。图5-5是设计师在其需求的基础上提出旋转式插孔的解决方案。发现问题的人可以是设计师也可以是用户，但问题方案的解决大部分是出自于设计师之手。

图5-4　插座在多个插头使用过程的问题

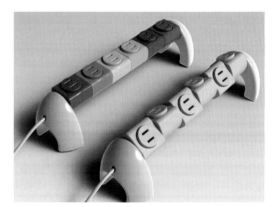

图5-5　插座产品的创新设计

设计问题的提出是可以通过环境和使用行为的不断刺激而产生，人人都可以发现问题乃至提出问题。与普通人相比，设计师具有更加敏感的问题思维意识，这种对产品现状的敏感是通过长期专业的学习和设计实践的经验性刺激得以体现和发展的，专业知识可以促进设计师问题意识，但另一方面专业知识与问题并不是完全的正相关，如果一味僵化地死记硬背，过分地依赖知识，则会限制和阻碍问题意识的发展。设计师要善于思考，充分利用知识的改进、重组和扩展来解决新的问题，使得产品更符合人们的需求。产品更符合人们的需求是产品设计永远追求的主题。

（二）市场调研——发现问题的方法

依据产品设计程序，产品设计的前期过程就是要寻找设计问题，确定设计需求，形成设计概念。产品设计过程中问题的发现是在对产品信息从陌生到熟悉、抽象到具体、逐步细化和深入、反复推敲的过程中的一种发现。在大数据的环境背景下，对设计前期产品信息数据的获得和分析研究主要依赖于设计调研，设计调研涉及内容较多，主要包含以下几个方面的内容。

（1）消费者研究：生活方式、消费倾向、消费行为等。

（2）产品研究：当前产品的流行风格、竞争对手的产品、同类消费产品、使用环境等。

（3）技术及文化的发展趋势。

（4）社会文化的发展趋势。

当设计师在设计任务被确定之后，就要通过上述的某些内容进行收集与设计相关的信息，这时收集的数据不能太窄，否则在一定程度上会限制新方案的提出；信息范围也不能过于宽泛，否则设计师不得不花费时间在组织管理这些信息上，而不是花在仔细评估信息上。因此在这个阶段，设计师需要采取一种平衡的信息搜索的策略，从市场调查的数据中获得对自己有用的设计信息。设计中市场调研的方法与过程在本书中不做过多的阐述，具体可参考相关书籍。例如：图5-6是对冰箱进行产品分析的几个方面的调查；图5-7所示是对同类产品的形态进行调查研究，分析在家用电话产品设计中的形态特征；图5-8所示是通过对3C产品的形态进行调查研究，总结3C产品的形态设计特征，这些分析和研究主要是获得设计过程的基本信息，发现其问题和创新点。

a 冰箱品牌的调查分析

c 冰箱开门方式及把手的调查分析

b 冰箱开门方式的调查分析

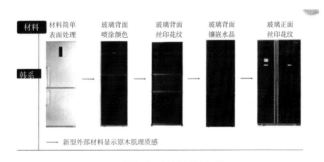

d 冰箱表面材料的处理

图5-6 对冰箱进行产品分析的几个方面的调查

5.2.2 问题的界定与分解

任何一个优秀的产品开发设计都是根据问题与需求来决定的，通过前一阶段搜集到

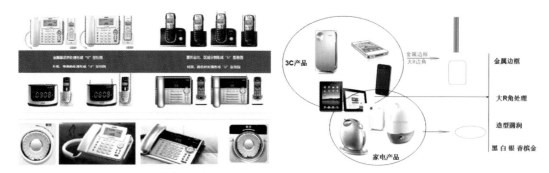

图5-7　家用电话机造型调查研究　　　图5-8　对3C产品的形态进行调查研究

的有效信息是问题与需求确定的前提条件，这些问题和需求会促使设计师产生新的有效信息。如果在设计前期没有提出对设计目标有益的问题就仓促地提出方案，并作解答，这往往会导致设计过程没有正确的方向引导，也会导致烦琐的修改与否定的评估过程。设计师为获得高质量的设计方案，就必须从调研信息中提出问题并界定设计问题，以问题为创意的原点，引导设计师，为他们发散地产生很多创造性的方案。因此，在进行概念设计之前的第一要务是界定设计问题，确定设计需求。在设计前期，设计师根据技术、审美、人机工程、市场成功度、用户需求、用户消费态势等对现有产品信息进行观察、分析与讨论，找到产品的问题和弱点，这个过程我们称之为设计问题的界定。然而设计问题的界定与设计师的设计观、设计信息以及设计经验等很多因素有关，是设计师问题意识敏感度的体现。Christians 在他的研究中指出设计师花费越多的时间来界定问题和理解问题，并且能够使用他们的观点来形成概念上的结构，他们的方案就越具有创造性。由此可见，界定和构建问题是设计创意实现的关键。

在界定设计问题后，一般是对界定的问题进行要素分解，并对要素进一步分类，然后采用相关方法解决设计问题，例如 TRIZ 理论（发明问题解决理论）是利用问题的冲突和矩阵来解决问题。对问题的分解及其要素的形象表达是通过问题分解图来实现的，如图 5-9 所示，具体过程如下。

（1）理顺原始数据。

（2）考察研究对象并对其进行系统分析。

（3）从文献、资料、数据中分解问题。

（4）对产品本身进行评价，例如技术、经济、美学价值等。

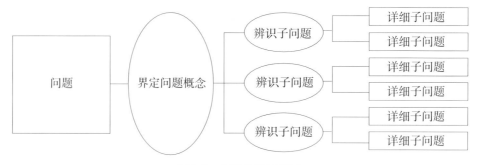

图5-9　问题分解示意图

在进行问题分析过程中，应该遵从以下三个原则。

（1）对问题的分析与分解应该以问题的系统性为原则，而不是狭义地理解部分问题。

（2）建构的问题应该以引导设计创意为原则，有时问题甚至是非常个性化的。

（3）设计应该从"首要基本原则"出发，对设计问题的综合化是整理设计的必要条件，制订设计要点，对应设计目标，对解决问题的可能性方案进行思考，对解决问题的可能性方案与解决问题进行结合，不断思考产生新的创意和线索。

5.2.3　分析问题与信息处理

通过市场调查获得的信息和数据多是凌乱、无序的，需要采用有效的数据分析方法对数据进行分析和加工，才能获得对设计创意有用的信息数据。结合产品的市场调查，产品设计数据的分析和处理包含以下四个最基本的过程。

（一）针对界定的问题确定合理、有效的分析方法

为使设计构思具体化、逐步清晰化，必须根据设计问题的性质收集相关的数据和信息。对设计者而言，最重要的是敏锐的观察力，选择恰当的方法去发现日常生活中可作为新创意构想的资料和信息，并将这些信息和资料运用到设计中去。通常来讲，资料的收集包含两大类：一是设计问题中已经清楚的资料；二是设计问题中尚不清楚的资料。相对而言，不管是哪种资料，能够给设计问题提供潜在价值的资料最为重要。一般而言，与解决设计问题相关的主要资料有产品使用者、使用环境、人机工程学、使用者的动机、欲望，以及价值观、产品的功能、材料、结构、竞争企业与对手等资料。

按照资料收集和分析的方法，可以将研究方法分为定性研究方法和定量研究方法，定性研究方法主要是针对视觉性资料、记叙性资料等定性资料的分析与研究，常见的研究方法有观察法、问卷法、考察法、专家法、情景故事法、口语分析法、文献分析法等方法；定量研究方法则是对统计的实验数据、调查数据、统计图表等定量资料的分析与研究，常见的研究方法有频数、众数、多元统计分析等方法。定性与定量分析关系图如图5-10所示。

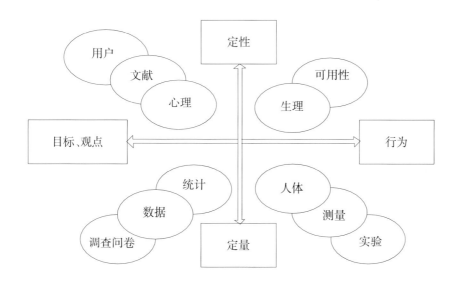

图5-10　定性与定量分析关系图

（二）根据选择的方法收集最原始的数据和资料

界定问题，确定分析问题的方法后，需要进一步通过实验、调查等方法获得最原始的数据。通常是根据市场调查的程序和进度，对确定的要调研的设计因素和问题开展信

息收集工作，不同因素其信息收集的方法是不一样的。对产品的使用情况，则需要通过问卷、专家访谈、拍照记录、样机使用等方法来收集，而对产品的材料、工艺、结构等设计因素则需要配合企业和市场进行收集，对市场发展的趋势、同类产品竞争及销售情况、文化趋势等设计因素则可以依靠企业市场营销部门或专业设计咨询公司获得。具体而言，需要收集的数据主要包含产品的微观信息和产品的宏观数据。

（三）根据选择的方法处理和分析相关数据

在上一步中，获得了大量与产品相关的数据和信息，有经验的设计师会选择合适的分析方法对相关数据进行分析和整理，以获得对设计有用的信息和数据。例如，形态分析法通常是设计师将产品的形态特征归纳、抽象成可进行对比的形容词，按照形容词所表达的形态特点和意象对消费者的形态爱好和倾向进行调查，以获得消费者的意象认知和形态定位，进而指导设计。对产品设计问题的分析方法有很多，针对不同信息和获得数据、信息的目标，可以借鉴其他学科和领域的分析方法来进行分析研究，多元统计分析方法是在产品设计评价和产品感性意象分析中常用的方法，也可以根据需要对一些分析方法进行创造性改造，使之更为有效地分析、处理设计信息，产生科学、合理的依据。

（四）在上一步的基础上进一步分类分析总结，引出结论

在上一步的基础上对调查结果及数据进行总结，通常而言，通过分析总结完成市场定位，并采用文字、数据、表格、图形等形式对定位进行综合表述。市场定位的表述主要围绕产品和用户两个方面展开，通常是用户生活形态意向分析和产品形态定位分析。

1. 用户生活形态意向分析

将所选择的目标用户所喜欢的人、事物、目标、颜色、生活用品等贴在一个展板上，营造一个可视环境，将目标用户的设计因素转化为可视形象，让设计师直观地感受消费者的想法，这对设计师起到潜移默化的作用，如图5-11为用户生活形态意向分析，图5-12为用户生活形态意向分析场景。

图5-11　用户生活形态意向分析　　　　图5-12　用户生活形态意向分析场景

2. 产品形态意象及定位分析

将产品所使用的环境及使用该产品时所使用的别的产品等贴在一块展板上，例如设计水下相机，可将相机、潜水镜、潜水服等与水下相机形态相似和相近的产品都贴在一块展板上，这有利于刺激消费者的视觉冲击，更有效地把握产品的设计方向，并更好地适应使用环境。与此同时，还可以将用户对产品的期望意象用形容词表述，建立形容词的意象联想，通过这两个方面来完成产品的形态意象定位，如图5-13所示。

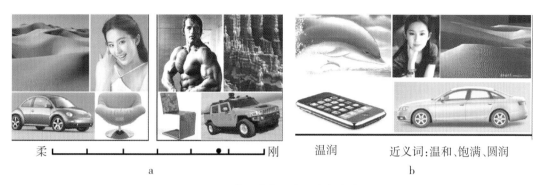

柔 ├──┼──┼──●──┼──┤ 刚　　　温润　　　近义词:温和、饱满、圆润
　　　　　a　　　　　　　　　　　　　　　　　　b

图5-13　产品意象形容词意象表达

5.2.4　解决问题与设计思维

通过对设计问题的调研及总结分析，获得了产品设计的设计定位，围绕设计定位和设计问题展开设计思维及思维展开，该过程是以问题为中心进行的设计思维，其目标是有效地解决设计问题。1910 年，杜威在其《我们怎样思维》一书中提出了一个详细的思维五步法，杜威的思维五步法具体过程如下：

第一步：感觉到困难。

第二步：困难的所在与定义。

第三步：可能的解决办法。

第四步：运用推理对设想的意义所做的发挥。

第五步：进一步的观察与实验。

胡适在杜威的基础上对杜威的思维五步法做了转述，即第一步是感觉到有疑难问题，第二步是找出疑难点所在，第三步是假定各种解决疑难问题的方法，第四步是将各种方法的结果表达出来，第五步是证实或验证这种解决问题的方法。从杜威的思维五步法中我们看到了设计思维中的问题意识，设计思维是解决设计问题的关键，设计思维可分为发散性思维（智力激励法、联想法等）和收敛性思维方法（列举法、设问法、类比法、组合法等）。基于问题的收敛性设计思维如图 5-14 所示；基于问题的发散性设计思维如图 5-15 所示。

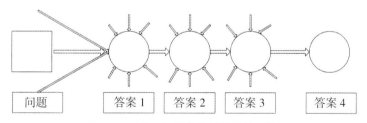

问题　　　答案 1　　答案 2　　答案 3　　　答案 4

图5-14　基于问题的收敛性设计思维

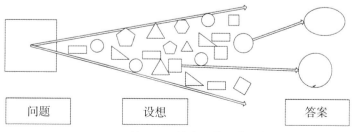

问题　　　　　　设想　　　　　　答案

图5-15　基于问题的发散性设计思维

5.3
设计问题与情境体验

5.3.1　设计问题与情境体验

　　在传统产品设计过程中，设计的关注点都集中在产品本身上，而忽略了产品的使用者对产品的体验，导致产品很难达到预期的效果。研究用户在具体环境中产品使用的过程，也就是将"用户—产品—环境"关联到一起来分析问题。也就是说，在产品设计领域，设计问题通常是在使用产品过程中发现和提出的，必须依赖于一定的情境。不同的使用情境，用户对体验的期望不同，将情境与用户体验结合，能充分考虑用户—产品—环境的互动关系。为更好研究设计问题，我们必须搞清楚情境的含义以及情境与设计问题之间的关联性。情境的概念于 1994 年被提出，情境是人、产品、环境之间交互过程的综合，在交互过程中产生的疑虑便是设计问题的原点；除此以外，当设计师对设计数据和信息进行综合分析处理后，设计师的头脑中不仅会生成用户在使用产品时的行为动态和行为约束，还往往会形成产品使用的环境形象，以及人在这些环境中的动态行为。分析用户、产品与环境之间的关联因素，对设计问题进行详细表征作为产品构想和设计的突破点，从而能够具体解释和修改设计方案，提高产品开发方向的准确度，得到真正让用户满意的设计方案。

　　情境具有阶段性，人—产品—环境之间一个完整的交互过程，包括前交互阶段、交互进行阶段和后交互阶段。情境随着人所处的环境、时间与所面对的对象、问题的不同而不同，即情境依赖于不同的时间和空间：依赖于时间的变化，前一个情境的发展变化将影响下一个情境的产生与发展；依赖于空间和人的变化，在各平行时间点，环境、用户等条件的改变将形成相互平行的情境，它们存在于相同的时间阶段，但不存在必然的联系。

　　情境体验是人对人—产品—环境三者之间完整交互过程的综合感受。用户在不同交互阶段的体验之间会相互影响，随着该情境阶段再现次数的增多，相应的阶段性体验指数将趋于一定值，并与其他阶段的体验一起构成总的情境体验。情境分析包含四个模块，即"人"的模块，"产品"模块，"环境"模块和人—产品—环境三者关联模块。

每一个模块包含着对设计定位起着限定和指导作用的要素（比如"人"的模块包含人的生理特征、行为习惯等，"产品"模块包含材料、工艺等），从而更加真实和形象地描述用户和产品之间的各种关系，并帮助设计师在用户和产品相互作用的过程中，发现新的问题并提出设计方案。综合上述分析，情境体验的完整系统主要包括人物、环境、产品、背景和时间这五个方面的因素，如图 5-16 所示。

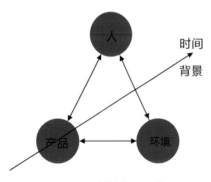

图5-16　情境体验要素

5.3.2　与情境相关的设计要素

在产品设计过程中，与设计情境五个要素对应的产品设计要素由人、环境、技术三个主要要素组成，设计师必须根据这些设计要素，并根据设计技术把设计问题转化为最适合的设计物——产品。人、环境、技术主要反映了情境中人与产品、产品与环境、人与环境的相互关系。

（一）人的要素分析

人的要素主要包含人的心理要素和生理要素两个方面。其中心理要素主要包括人的需求与问题、价值观、生活形态、生活行为、审美情趣、认知思维与过程等要素，生理要素主要包含人的身体数据、知觉系统等生理特征因素。心理要素是在发现问题、分析问题以及解决问题过程中必须需要综合考虑的要素，人的心理要素是很难通过数据准确确定的，通常借助形容词通过语义进行表达，通常采用语义区分法进行市场调查获得，如图 5-17 是通过意象坐标图对公共座椅中的设计要素的表达。

图5-17　公共座椅设计要素分析图

人的生理学要素是通过人因工程相关领域的心理学和生理学的测定，以及对人体计测后的数据分析研究后得到的数据资料。通过对人体各部位的尺寸、活动范围、作用功能等进行研究，使得人体生理学特征同产品建立起了联系，从而设计出更有效、更宜人的产品来。随着设计学科的发展，设计学中引入了人因工程学、心理学等学科的研究方法，获得相关的信息，并以此来指导设计师的设计实践。如眼动实验本来是心理学的研究方法，根据眼动实验数据对实验对象的视觉关注度进行研究，从而指导设计实践。图 5-18 是对冰箱的人机工程实验数据的分析，该数据资料可用来有效指导设计师设计冰箱的高度、冰箱的细节及冰箱的操作方式；图 5-19 是诺基亚设计的一款手指手机，该设计主要依据手指的相关参数完成。

（二）环境设计要素分析

环境设计要素主要是指产品周围的情况。环境设计要素主要包含三个方面：一是产品的使用环境；二是产品的自然环境；三是产品的社会环境。与设计问题相关的最重要的是产品的使用环境，以用户为中心，强调产品的用户体验主要是基于产品的使用环境

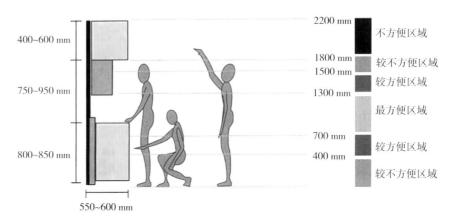

图5-18　冰箱的人机工程实验数据分析图

展开的。情境分析法、故事板法等都是以产品的使用环境为基础进行产品设计的方法，因此本节主要围绕产品的使用环境展开研究。

自然环境主要是指人类在进行产品创新设计过程中人和自然环境的关系内涵。主要包含人类生存环境、人类生存环境中的变换关系与转化规律、人类生态系统的演化与变化等。可持续设计以及绿色设计等便是从设计学角度对人类生存环境的研究，太阳能在产品设计中的广泛应用也是基于可持续设计的理念。图 5-20 是一款自动调节亮度的照明路灯，它利用太阳能储备电能、利用光敏感器感应环境变化进行照明调节，是一款基于"节约和环境"理念的产品设计。

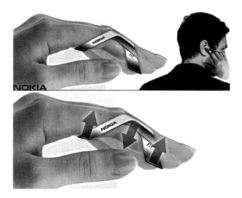

图5-19　诺基亚手指手机

图5-20　自动调节亮度的照明路灯

所谓社会环境是指人类生存及活动范围内的社会物质、精神条件的总和，而产品设计的社会环境则是社会政治环境、经济环境、法制环境、科技环境、文化环境等影响设计的宏观因素。例如消费者的教育程度、文化信仰、消费特征等方面。随着设计含义和价值的变化，在当前的社会环境下出现了"非物质主义设计"的概念。非物质主义设计是在信息社会时代出现的，以"提供服务和非物质产品"为基础，其代表了未来设计发展的总趋势，即从物的设计转化为非物的设计，从产品的设计转化为服务的设计，从占有产品转化为共享服务。因此，非物质主义设计不拘泥于特定的技术、材料等因素，而是对人类生活和消费方式进行重新规划，从更高层次上理解产品和服务，突破传统设计领域研究人与非物的关系。

（三）设计技术要素分析

设计与技术的关系密不可分，科学技术是现代设计的重要因素，科技的发展促进了社会的发展，新材料、新技术、新功能等因素强烈影响着产品的设计创新，对产品设计而言，技术设计要素主要包含功能、经济、形态、材料、加工工艺等方面。

1. 功能技术要素分析

产品设计的首要任务是对功能进行分析与设计，因此产品的功能分析是进行产品设计的中心环节。功能是用户的本质要求，产品是功能的实现形式，产品、功能与用户的关系图如图 5-21 所示。通常，产品的功能分析是通过功能系统图来进行表现的。功能系统图是指按照目的功能居左，手段功能居右，同位功能并列的原则，将各项功能连接起来，形成的一个完整的功能体系，其揭示了功能之间的内在联系，如图 5-22 所示。

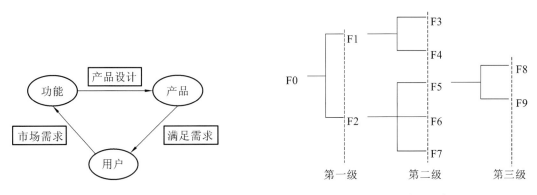

图5-21　产品、功能与用户关系图　　　　图5-22　功能系统图

功能分析的一般方法是通过分析功能和产品的各部分组成，用不同类的词语和词组简单、正确地表达功能，明确功能特性要求，进而绘制出功能系统图。功能技术要素的分析通过功能定义和功能整理来实现。功能定义是通过语言文字对产品所具备的功能进行抽象表达，以表明产品特征。通过功能定义把产品功能从产品实体中抽象出来，从而明确产品和部件的功能性，具体产品功能的定义和描述可通过图 5-23 来进行分析。

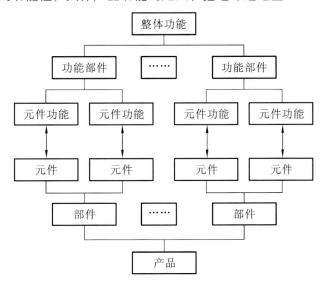

图5-23　产品功能的定义与描述

功能整理是功能分析的第二个关键步骤，是进行产品创新设计的关键，所谓的功能整理是利用系统论的观点将已经定义了的功能加以系统化，找出各局部功能相互之间的关系，并用功能系统图来表达，以明确产品的功能系统。产品的功能系统图主要有结构式功能系统图和原理式功能系统图。从产品整体、部件、组件直至零件进行逐级功能定

义，然后依据相互间的目的手段关系和同位并列关系将各功能连接起来。这种连接方式由于功能区与产品、部件、组件结构完全对应，故把以这种方式建立起的功能系统图称为结构式功能系统图。图 5-24 是自行车的结构式功能系统图。

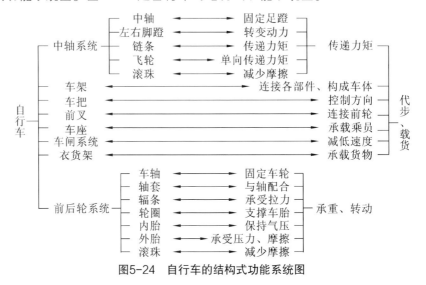

图5-24　自行车的结构式功能系统图

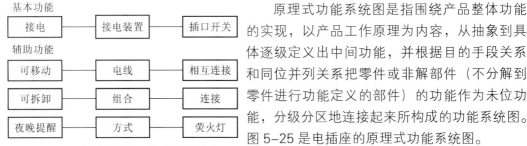

图5-25　电插座的原理式功能系统图

原理式功能系统图是指围绕产品整体功能的实现，以产品工作原理为内容，从抽象到具体逐级定义出中间功能，并根据目的手段关系和同位并列关系把零件或非解部件（不分解到零件进行功能定义的部件）的功能作为未位功能，分级分区地连接起来所构成的功能系统图。图 5-25 是电插座的原理式功能系统图。

最后，需要着重说明的是，在进行功能技术分析过程中，首先要明确用户的功能要求，通常而言，用户在购买产品的过程中，功能的影响因素最为重要，因此在进行功能分析的过程中，必须明确产品的功能类型、功能内容以及功能水平。

2. 形态要素分析

广义的形态要素包含形态、色彩、材质以及结构四个层面的要素。产品形态设计的本质在于提高产品的美学价值、精神价值和实用价值。产品的形态要素是形、色、质的完美统一，但其主要表现为形态的审美。在分析形态审美要素的过程中，可从以下两个方面展开。

一是，形态应该依附于形式美法则，工业产品的形式美法则主要是研究产品的形式美感与人的审美认知之间的关系，以美的基本法则为内容揭示产品的造型美学，满足人对产品的审美需求。当然，这里面包含产品的审美情感与情境体验所带来的联想与想象，所以，好的产品形态是一件美的体验与享受的艺术品。形式美法则主要有对比与调和、比例与尺度、稳定与均衡、节奏与韵律、对比与统一等。对形式美的研究有助于人类认识美、发现美和创造美。图 5-26 是由浪尖设计公司设计的拉卡拉支付卡表。拉卡拉支付卡表拥有圆润的表盘，金属装饰件与之完美搭配，相得益彰，让它更具现代感和时尚感。内部的纹路优雅连贯，更有助于排除腕部汗液，使其很好地适应运动时佩戴。按键和卡槽都用了简约几何形态，符合现代的审美。表带搭扣的设计同样充满了时尚感，金属搭扣的形状与表盘相呼应，其搭扣方式更是打破了传统手表的搭扣方式，体现

图5-26 拉卡拉支付卡表

了智能手表的概念，同时也使使用者更易于佩戴。该产品整机采用可回收循环利用的环保材料，降低了成本，性价比高，具有强大的市场竞争力。

二是，形态审美同样应该分析产品的审美内涵、审美情感因素。形态的审美一种是如上所述，通过形态的形式美法则所形成产品的形式美，除此之外，产品的形态审美可以由符号产生象征的审美内涵和审美情感。通过隐喻、借用、夸张等手法触发人们的联想、想象，产生熟悉、亲切等情感，使人们审美愉悦，进而创造产品的性格特征，使得每个产品的形态富有它的象征意义，彰显形态特征、审美内涵（见图5-27和图5-28）。图5-27是深泽直人为无印良品设计的壁挂式CD播放器，该播放器的惊喜不仅仅是挂起来，它有一个相当怀旧的老式电灯灯绳一样的拉线开关，只需要一拉，音乐就会袅袅飘出，将操控降低到了极限——就算你下班再累，拉一下线的力气还是有的，这是一种美的体验；图5-28是奥运会火炬的设计，北京奥运会火炬创意灵感来自"渊源共生，和谐共融"的"祥云"图案。祥云的文化概念在中国具有几千年的历史，是具有代表性的中国文化符号。火炬造型的设计灵感来自中国传统的纸卷轴。纸是中国四大发明之一，通过丝绸之路传到西方。人类文明随着纸的出现得以传播。源于汉代的漆红色在火炬上的运用使之明显区别于往届奥运会火炬的设计，红银对比的色彩产生醒目的视觉效果，有利于各种形式的媒体传播。火炬上下比例均匀分割，祥云图案和立体浮雕式的工艺设计使整个火炬高雅华丽、内涵厚重。

图5-27 壁挂式CD播放器　　　　　图5-28 奥运会火炬的设计

3. 材料与工艺技术要素分析

材料是产品的物质载体，是实体产品得以实现的根本，任何实体产品都是依靠材料得以实现的，因此设计师在设计产品的过程中必须考虑产品的材料以及材料的加工工艺。与材料及其加工工艺技术要素相关的研究主要包括材料、加工工艺、材料表面处理（CMF）三个方面的因素。在产品设计领域，材料主要有天然材料和人造材料，材料的不同，其加工工艺不同，表面处理的技术也不尽相同，最终获得的产品的性能以及美感也不相同。在进行产品设计的过程中，要综合考虑上述三个方面的因素，在实际的产品设计中，非常多的是材料之间的搭配和组合，只有对材料、工艺、表面处理技术进行充分的科学分析、了解，才能实现产品的功能。但要注意的是：材料的品种越多，材料之间的连接方式就会随之增加，设计的成本也会提高，科学、有序的设计协调是解决问题的关键。图 5-29 和图 5-30 是一款家庭网关的产品，其材料、工艺、表面处理如图 5-29 所示，色彩上主要是黑白两色，但在表面处理技术上，将金属的拉丝工艺运用在塑料上进行了大胆的创新。

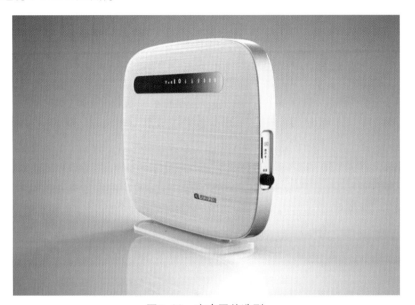

图5-29　家庭网关造型

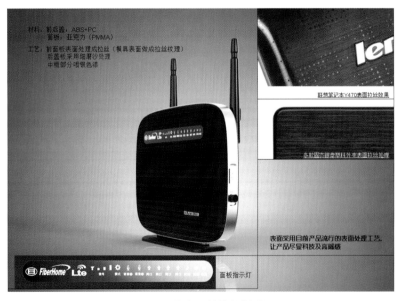

图5-30　家庭网关的材料说明

5.3.3　设计问题的情境构建

对产品设计的设计问题而言，情境研究是一种常用的研究方法，情境研究是通过对现有产品使用情境的现场观察进行问卷调查和对使用者的询问可得到一些情境要素，再将这些要素结合起来，构筑成目标产品的情境。将目标产品的情境通过情景模拟或故事叙述等方式展现给目标使用者及其家人，可以得到他们对该产品使用情境的需求、体验等因素。针对同一个用户，不断展示产品的使用情境并追问其感受，这中间设计师通过观察、引导，直到实验对象完全清楚自身的需求和形成稳定的体验。简单来讲，就是通过营造产品使用过程中情境（特性、事件、操作以及环境之间的关系）来刺激想象力，完成设计创意。在描述产品情景过程中，"人、时、地、事、物""人—物—境—活动""AEIOU""5W1H"等是几种常见的描述构架。"AEIOU"法（activity– 活动事件、environment– 环境、interaction– 互动情节、object– 目标产品、user– 操作者）能够从多方面更有效地对产品使用情景进行描述，故可将"AEIOU"作为情境空间架构。设计问题情境建构模型如图 5–31 所示。

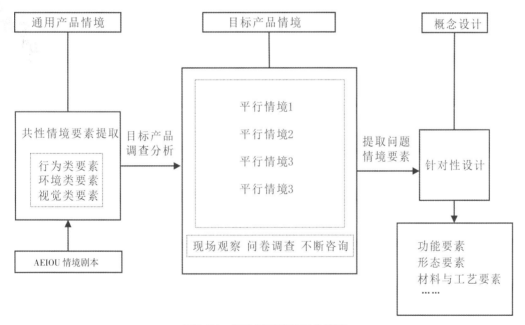

图5-31　设计问题情境建构模型

5.4
老年居家智慧产品设计实践

根据设计问题与设计方法的研究，基于设计问题展开的产品设计的关键是在于发现问题，情境模型的建构能够帮助设计师寻找设计问题，这就建立了设计问题与设计情境的关联。本节主要是通过老年居家智慧产品设计的实践来验证基于设计问题的产品设计流程与方法的可操作性和实施性，为更好地阐述本节的内容，结合前几章节的理论内容，将该设计实践分成以下几个步骤展开。

5.4.1 发现问题：设计调查

本设计实践的具体内容是为 70 岁以上的老年人设计一款为其生活提供方便的居家型智能产品，设计实践从探索设计问题或切入点展开，一直到完成产品的概念设计，即从老年人的居家生活中发现问题，分析问题，并解决问题。为更准确发现设计问题，本实践主要采用访谈法和观察法进行市场调查，找出老年人在居家生活中的问题。本设计调查具体实施过程如下（见图 5-32）。

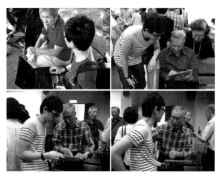

图5-32　设计的市场调查现场

市场调查对象：

70 岁以上的老年群体，访谈对象分为两组：一组是 60～70 岁的潜在目标群体；一组是 70 岁以上的目标老年群体，访谈人数每组各 20 人。

调查方式：

访谈法和观察法，通过照片、录像或手绘的方式记录调查的场景。

调查地点：

主要是在老年人长期生活的家中和休闲的户外。一是营造一种比较比较自由、不受拘谨的环境，看到更真实的老年居家情境；二是希望通过熟悉的场景刺激他们对日常家居使用的问题进行思考。

调查内容：

第一种是针对现有产品的相关问题进行访谈，主要访谈内容：是否使用过某产品、产品操作复杂吗、产品如何操作、加上什么功能会更好、如何改善、那些功能是必需的、有哪些功能需要改进等。第二种是开放式的访谈，主要询问：其在日常居家生活中的问题有哪些、觉得那些产品是需要的等问题。第三种是观察老年群体在家中生活的场景，发现问题。

访谈周期：

1 周。

访谈方式：

团队在围绕上述问题及内容对老年居家产品的使用情况和场景进行研究和探索，通过照片、录像、手绘的方式表达感兴趣和可能问题点的场景，收集的数据和信息用于下一步的研究。

5.4.2　界定设计问题：AEIOU 情境模型建构

设计团队对设计调查获得的信息和数据进行分析，这一阶段主要采用焦点小组法和头脑风暴法，其主要目的是通过团队的力量先找出老年人在居家生活中可能成为设计问题的问题点，再经过讨论找出具有设计价值的问题点。首先，让团队成员针对自己收集回来的照片、录像、手绘资料等在团队面前进行讲解，而后将所有资料通过便签、照片的形式张贴到黑板上，进行头脑风暴，针对每张照片，团队成员可以对任何一张照片进行深入的评价和分析，发表自己的观点，对头脑风暴的数据进行总结与分类，最后得到5 个最具有价值的设计问题，对这 5 个问题采用 AEIOU 情境剧本架构问题情境，并通过手绘故事板的形式帮助团队解释和理解问题点的情境体验（见图 5-33），具体结果见表 5-1。

图5-33　数据分析场景

表5-1　主要问题的情境构建对应表

	A（activity）	E（environment）	I（interaction）	O（object）	U（user）
问题情境 1	老人久坐在沙发上看电视，因久坐导致血液循环不良，突然站起来容易晕倒	客厅	老人手扶沙发扶手站起来	单人沙发	老年人
问题情境 2	老人在家独自看电视，子女不在身边，内心的孤独感油然而生	客厅	看电视，想找人交流与沟通	电视 / 沙发	老年人
问题情境 3	老人早晨因闹钟响起急着起床关闭闹钟。急着下床容易摔倒，想在床边先做做运动再起床，避免摔倒	卧室 / 床上	扶着床起床	床 / 运动	老年人
问题情境 4	孩子们早起上班忙碌，老人早晨起床时想到一整天感到孤独	卧室 / 床上	早晨起床时希望有人交流与沟通	床 / 家	老年人
问题情境 5	老人半夜醒来想上厕所，由于急着上厕所而灯光比较暗容易摔倒	卧室 / 床上	半夜起床扶着床缓慢地起床上厕所	床 / 灯	老年人

5.4.3 分析设计问题：处理数据

分析设计问题的过程是整个产品创新设计的关键过程，按照本章第二节里面的内容"分析问题与信息处理"，在这过程中的主要数据依旧是通过调查总结出来的，但必须围绕设计问题展开，即以设计问题情境为引导方向，展开相关问题的调查与分析，从中找到创意来源。为使设计构思具体化，逐步清晰化，必须根据设计问题的性质收集相关的数据和信息。对设计者而言，最重要的是敏锐的观察力，选择恰当的方法去发现日常生活中可作为新创意构想的资料和信息，并将这些信息和资料运用到设计中去，本阶段的调查主要包括已有产品的调查与分析和用户调查研究两个方面，在本节中省略了具体的调查过程以及获得的数据，直接对结论进行分析与研究。

问题情境 1 的关键词是"起身"或"辅助起身"，团队从单人沙发入手，找到"扶手""充气缓动力"的安全气囊、可以自动变化姿势的"按摩椅"等创意来源。通过分析研究，针对问题情境 1 的问题构筑出目标产品的使用情境是：老人在沙发上看电视，由于久坐血液循环不良，在起身时，目标产品能够感知老人要起身了，便通过安全气囊充气帮助老年人缓慢起身，避免老人摔倒。

问题情境 2 的关键词是"陪伴"与"交流"，团队找到了随时在身边辅助的拐杖、陪主人玩耍的宠物、网络聊天或视频聊天的手机／平板电脑、连接外面世界的收音机等创意来源，构筑出目标产品的使用情境是：陪伴老人的智能宠物拐杖，让老人感觉不到孤独。

问题情境 3 的关键词是"时间"和"运动"，团队找到了具有时间性质的太阳、具有运动性质的方向盘，并建构了目标产品的使用情境是：目标产品装在老人的床边，该产品能够感应光线和时间，并会缓慢升起，以太阳日出的意象叫醒老人，起床后，产品提醒要求老人需要旋转指定数量的圈数，老年人旋转指定圈数并做适当的运动后，头脑相对比较清醒，缓慢起床。

问题情境 4 的关键词是"互动"与"联系"，团队找到了电脑、手机、闹钟等创意来源，并建构了目标产品的使用情境是：老人的孩子用手机通过早晨问候信息的方式传达给目标产品，目标产品以问候信息的方式提醒老人该起床了，目标产品提醒老人可做适当的运动然后再起床，顺便通过目标产品了解一天的其他信息，在满足情感需求的基础上，老人愉快地度过一天。

问题情境 5 的关键词是"缓慢下床""灯光""夜间辅助移动"，团队找到了导盲犬、感应照明等、辅助机器人、拖鞋等创意来源，建构目标产品的使用情境是：在半夜，老人醒来想上厕所，在旁边守护的目标产品听到声音主动靠近关心，老人摸摸目标产品，目标产品感受到老人的抚摸，发出灯光帮助照亮，同时老人借助目标产品下床，经目标产品引导到达厕所。

在对问题情境 1 到问题情境 5 进行分析和思考后，针对上述目标产品的问题情境，团队最终将辅助、陪伴与交流互动的宠物作为整个概念设计的核心价值点进一步完成产品的创新设计，在此基础上完成目标产品的功能系统图（见图 5-34）。

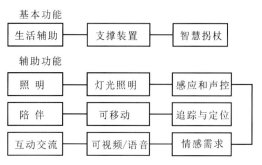

图5-34 目标产品的功能系统图

5.4.4　解决设计问题：设计思维展开

团队依据概念设计的核心价值点和功能系统图，利用类比和联想设计思维进行设计构思。设计构思主要围绕两个方面展开：一是目标产品的情境要素；二是目标产品的功能。为此，首先建构了目标产品的情境要素，为方便描述，我们将目标产品命名为 Crutch Pet，并重构其情境剧本，该情境涉及早晨、一整天生活、夜晚等多个生活的情境。

Crutch Pet 是陪伴老人日常生活的互动机器宠物，其前端有情感感应装置，能够感知老人的动作，并通过灯光变化与老人的情感进行反应互动；清晨，子女通过手机发送问候短信对老人进行关爱，Crutch Pet 接受子女的短信提醒老人该起床了，情感感应装置缓慢升起，以太阳日出的意象叫醒老人，当老人要起身时，Crutch Pet 走到老人身边提供起身辅助和行走辅助功能；在老人一天的生活中，Crutch Pet 一直陪伴着老人，与老人完成一些互动；夜晚，Crutch Pet 会守护在老人的身边，当深夜老人醒来时，前端感应装置感知，主动靠近老人并提供起身辅助功能，把手部位不停闪烁，老人手握闪亮部位，灯光变亮，给老人提供灯光照明，而后 Crutch Pet 辅助老人起身，并辅助老人完成夜间活动。

在上述情境的基础上，进行了以下设计构思及定位。

（1）功能上，宠物陪伴功能，以灯光来反应情绪的设计，声音和语音互动、抚摸互动等是主要的交流互动方式。辅助功能也是 Crutch Pet 的主要功能，辅助功能主要是起身辅助功能和行走辅助功能，除此以外，应具备光和声的感应功能。

（2）造型上，应该具有宠物感，可考虑仿生产品的设计意象，尽量突破现有机器人冰冷的感觉，给老年人情感上的需求和慰藉。

在上述基础上，团队进行设计类比、联想和仿生设计思维，寻找与之相关的创意来源，在上述思维的基础上设计草图构思（见图 5-35 和图 5-36），并将多个草图方案进行汇总、评估和优化（见图 5-37）。

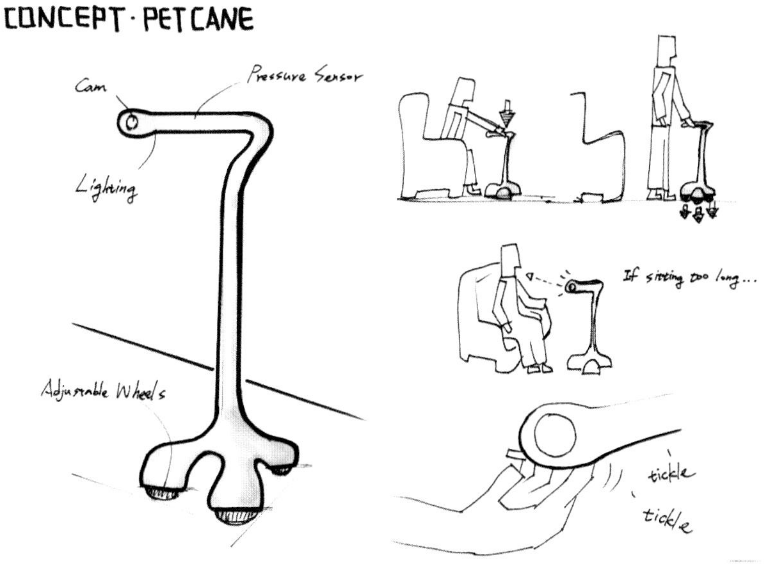

图5-35　构思设计草图1

CONCEPT·WALKINGRABBIT

图5-36　构思设计草图2

　　在草图评估和优化的基础上，经过多次讨论和修改，主要是在草图构思图 5-35 的基础上进行造型的优化，在优化上结合了图 5-38 的创意设计来源，结合相机的三脚架、台灯等造型要素和结构、材料等，最终确定的问题解决方案及功能平面布局图（见图 5-39）。在功能平面布局图的基础上，获得产品的设计方案效果图（图 5-40 至图 5-43）。

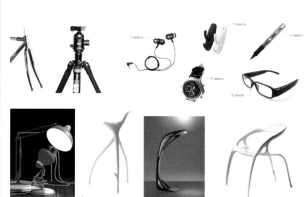

图5-37　草图评估与优化　　　　　　　　图5-38　创意设计来源

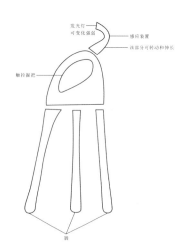

图5-39　Crutch Pet的功能平面布局图　　　　图5-40　设计方案效果图1

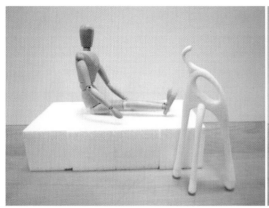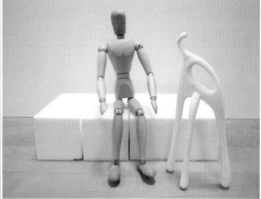

图5-41　设计方案效果图2

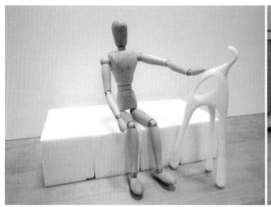

图5-42　设计方案效果图3

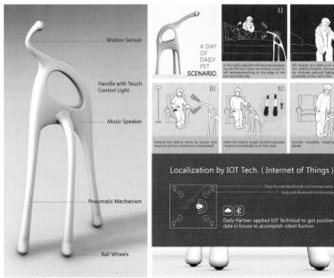

图5-43　设计方案效果图4

第 6 章

用户研究
与设计方法

★**教学目标**

本章主要讲述用户研究的概念、意义、对象和目的，讲述用户研究与设计方法的相互关系，并通过设计实践，经典的案例进行分析，使学生能够掌握用户研究的定义及研究方法。

★**教学重、难点**

要求初学者充分了解用户研究与设计方法的概念以及特点，并通过实际项目的引导，使初学者掌握用户研究的设计方法。

★**实训课题**

实训一：通过各种方法与方式（问卷调查法、行为观察法等）针对水杯对用户进行研究与分析，并制订一份研究报告和一份解决问题的设计方案。

6.1
用户研究概述

我们知道一切产品都是为用户而设计的。用户的需求构成了产品设计的中心主题。只有准确把握用户需求，才能使产品赢得市场。因此，在进行产品设计的过程中，必须对用户以及用户的需求展开研究。用户研究是以用户为中心的设计方法的第一步，它是一种理解用户，并将他们的目标、需求与企业的商业宗旨进行匹配的方法，能够帮助企业定义产品的目标用户群。因此，用户研究的首要目的是帮助企业定义产品的目标用户群，明确并细化产品概念，通过对用户的任务操作特性、知觉特征、认知心理特征的研究，使用户的实际需求成为产品设计的导向，使产品更符合用户的习惯、经验和需求。

6.2
用户研究理论基础

6.2.1 用户研究的意义

对于大多数工业设计专业的学生而言，"用户研究"一词还是相当陌生的。在现有工业设计（产品设计）的课程体系中，并未设置专门的用户研究课程，学生对用户研究的学习多是从"设计心理学"和"人机工程学"的知识内容中抽取出来的。然而，近几年来，"用户研究"却已成为设计界的热点话题，并对用户研究的方法进行了大量的研究，越来越多的设计行业和产品行业都比较重视用户研究，企业也越来越看重设计师用户研究的能力，用户研究在产品开发的过程中越来越受到重视，其主要原因有以下两点。

一是，受产品数字化趋势的影响。现在的一些产品越来越趋向于数字化发展，在看似给我们生活带来巨大便利的同时，也给用户带来了新的挑战，新技术转化为产品的速度已远远超过了我们日常生活的节奏。它们往往不是按照我们通常的思维方式而设置，而是需要严格按照产品自身的工作模式运行。设计这些产品的设计师、技术专家和工程师往往不了解用户工作、生活、学习和娱乐的习惯，反而增加了烦琐的操作负担，产品不够人性化。

二是，在美学经济时代，用户越来越重视"有感觉"的精神需求。在传统的经济发展中，通常设计师会只专注于设计产品的本身，而生产者关注最多的是产品功能是否强大、外观是否美观、价格是否有明显优势。但是，随着新经济时代的到来，人们在追求功能和价格的同时，也开始关注产品所提供的情感体验，所以"体验经济"的风潮逐渐来袭。在体验经济中，消费者消费的不仅仅是实实在在的商品，更有一种"感觉"，一种情绪，一种体力上、智力上甚至是精神上的体验，而产品成为唤起人们体验、经历的"道具"，这就要求工业设计师将设计的注意力由产品功能、形态、材质等要素扩展到产品的用户体验、产品与用户的互动、产品对用户生活形态的影响等方面。

6.2.2　用户研究的对象

毫无疑问，用户研究的对象是人，即是特定产品的目标用户人群。但对于一款产品而言，所针对的目标人群是有阶段和类别的。一般而言，用户可划分为三个阶段（见图 6-1）：狂热爱好者阶段、专业用户阶段和普及消费阶段。狂热爱好者阶段：一项技术刚刚转化为产品时，使用它的都是非常喜欢这项技术的人，狂热爱好者不在乎操作技术的难易，他们往往是有着深厚的技术基础，他们醉心于技术本身。专业用户阶段：使用这些技术产品的人，大多数都是技术员，他们在潜意识中并不希望技术太容易被掌握，只有这

图6-1　用户划分为三个阶段

样才能凸显他们的专业地位，提升他们的价值。狂热爱好者阶段和专业用户阶段的用户都不在乎产品的可用性和易用性。普及消费阶段：往往是产品大规模生产商品化的阶段，作为普通用户，使用者对技术本身并不感兴趣，他们关心的是"产品本身"能给他们带来什么？人们一般不太愿意花大量时间去学习如何使用这个过于复杂的技术产品，讨厌被技术"作弄"的感觉。

因此，普及消费阶段的用户，才是我们用户研究的对象。了解此阶段消费者对产品的认知、使用方式、日常生活习惯和使用环境等对设计的成功就尤为重要。随着越来越多的高科技产品进入一般消费者的家庭，设计师应明确帮助这些缺乏相应专业技术背景的普通人，让他们使用的产品更加"贴心"。

6.2.3　用户研究的目的

通过对产品用户的研究与分析，得出的结果对设计过程进行指导，用户成为产品的受益者，企业在用户的青睐中获取利益，通过用户研究建立起两者间的互利关系。用户研究可有效控制企业的产品开发成本，缩短开发周期，有效利用设计资源，为企业创造

出更好更成功的产品。

对用户来说，用户研究使得产品更加贴近用户的真实需求。通过对用户的理解，设计师将功能设计的重点由技术层面转化到用户层面，解决用户的实际问题。要实现以人为本的设计，必须把产品与用户的关系作为一个重要研究内容。

6.2.4　用户研究的内容

产品开发的初期了解用户的需求非常重要。通过用户研究，确定用户的真实需求，形成设计目标，才能保证产品获得市场的成功。

传统的用户研究方法，主要关注产品现有的销售情况、使用优缺点、用户现有的态度和看法，关注用户行为数据的收集，从而预测需求。以上因素容易受外界因素的影响而变化，是不稳定的，难以对未来的设计和产品开发起到指导作用，这样的研究往往由调研公司完成。设计目标如果涵盖了所有用户的需求，最终往往会导致没能很好满足任何一个用户的需求。

新的用户研究小组，由设计师、市场人员、科学家等多种角色组成，通过对不同文化背景用户的研究，定位产品的设计方向。关注用户的价值观、基本的知觉特性、操作习惯和思维方式，这些因素是稳定的、可持续的，这些因素的调查能够真正对产品的开发有用。

6.3
用户研究的方法

6.3.1　问卷调查法

问卷调查法是以书面形式向目标用户提出问题，并要求被问人也以书面的形式回答问题而收集事实材料的方法。问卷调查能够更容易、更直接地收集到目标用户的诸多信息，并形成一定数据的统计。不过，所有数据都是来自目标用户自己的陈述，而不是完全使用行为的过程，目标用户所回答的问题答案，也不一定就是他们真正所想的。

问卷调查一般分为以下几个步骤。

（一）确定调查对象

首先要确定调查对象，调查对象的选择和数量对调查信息的全面性和准确性十分重要。产品设计的调研目标是要收集最大范围的用户数据，因此，要扩大调查范围，涵盖尽可能多的目标用户，以便分析。

（二）设计调查问卷

调查问卷设计的质量会影响调查问卷的质量与结果。因此，要想取得好的效果，就必须在问卷设计上下功夫。设计问卷要根据研究目的和调查中所了解的情况，先从总体上对问卷进行构思。在总体构思中，要在问卷的目的、问卷结构的整体框架、问卷的项目、问卷题的数量、问题及答案的表述方式、问卷的使用对象及适用范围等方面进行考虑，然后把每个方面的要求具体化，逐项拟制成问卷题，再将所拟制的不同问卷题按照一定的要求加以编排，最后把问卷的前言、填写说明、问题及答案等不同部分组合在一起，形成一份完整的问卷。针对研究目标，尽可能保持问卷的简短性和易理解性，保证用户能够较准确地回答所提出的问题，并保证高效、轻松。尽量让上下两个问题之间自然衔接，这样用户在回答问题的时候比较有条理。在调查问卷中，可以建立量表的形式（如五点量表、七点量表、九点量表或者十点量表），允许用户有一定的选择性，同时保证能够得到足够多的数据点。

（三）开展调查

调查的形式有现场调查、分发、邮寄和网络调查等。现场调查如见图 6-2 所示。

（四）数据统计与分析

去除掉回收的问卷中一些信息不全的所谓废卷，针对有效问卷进行数据统计与分析，统计和分析的方法有很多种，可以借助数理统计的方法进行。当问卷规模较大时，也可以对有效问卷进行抽样分析。

图6-2　现场调查

6.3.2　行为观察法

观察法是最简单、实用的用户研究方法。行为观察法是指，通过观察用户在自然的环境下与产品接触的过程中，用户对产品的体验感受的方式所得出的数据结果。用户与产品的接触过程可以通过感官，也可以借助仪器，进入用户的工作或者生活环境中，观察他们在自然状态下的工作和生活，得到一些用户在访谈当中没有说出来或者他们不愿意分享的事实。也可以在实验室条件下，通过用户的行为，观察和分析他们使用产品的情境，提取用户的行为特征。对产品的新需求也就来源于这种过程。行为观察法如图 6-3 所示。

通常而言，行为观察法一般分为以下几个步骤。

图6-3　行为观察法

第一步，预约测试用户。预约就是提前和用户约定好，用户同意我们在他们使用产品时在旁边观察，并按照他们日常的工作方式来进行演示，同时可以问他们问题以帮助理解。另外，有些行为观察法，是用户并不知道他们的行为举止被观察。例如，在研究 ATM 自动取款机时，调查者会静静地坐在一个合适观察的地方，记录有多少人使用，使用时间的长短等信息。

由于观察一般是单独、分散进行的，观察的地点、时间也没有严格的限制。因此，观察样本应选取目标用户中比较典型的用户，样本数量需要有一个小规模的数量。

第二步，设置用户使用场景。挑选用户的工作场景，或者设计实验室环境，调查者在不干涉用户活动的前提下，观察和记录用户在真实的环境和特定时间范围内实际的所作所为，从而掌握直接的翔实的信息，而不是接受他人事后的描述。

第三步，观察与记录行为过程。在观察过程中，通过视频将用户的行为举止记录下来。适当的时候，还可以让用户用口语报告阐明自己的操作行为。观察用户使用产品的动作，是一个动态的过程，因此，需要将用户使用产品的动作过程全部拍摄下来，通过动作分解，找出产品改进的突破点。

第四步，数据分析与整理。对获取的视频数据或者纸面信息进行分析与整理，提取用户的行为特征，形成分析报告。

6.3.3　用户访谈法

用户访谈法是通过与用户有目的的口头交谈，了解用户的思想、观点、意见、动机、态度等信息，并收集事实材料的方法。用户访谈是定性研究中最容易获取反馈的一种方法。

用户访谈不同于同事或亲朋好友之间平日的交谈与聊天。人们之间平常的交谈或聊天属于自发的交流感情和沟通信息的活动，它一般是无计划的，也不是事前设定了明确的目的。这种交谈不追求什么结果，也无固定方式。而用户访谈法则有明确的目的，是求访者有意安排的谈话，交谈的内容和方式方法都是求访者在交谈前就计划好的。若访谈的目的不明确，谈话内容不计划，交谈中不讲究方式方法，都难以获得好的结果。

用户访谈分为以下几个步骤。

第一步介绍。所有的参与者要介绍自己，在一个群体中，了解其他人是非常重要的，尤其是他们共同相似的地方。在个人访谈中，介绍应该保持中立，但是应该对被访谈者表示赞赏。

第二步热身。回答问题或者要开始一个讨论，需要每一个被访谈者进入状态。在访谈中，热身的过程就是让被访谈者抛弃他们平时的一些思维习惯，进入所要访谈的产品或者问题上来。

第三步一般问题。以产品为中心展开的问题，应该围绕产品本身以及用户如何使用展开，关注的焦点是态度、期望、假设和经验。这类问题应该避免询问用户的感知。有时候，产品的名字一般不在访谈中被提及。有时候不要限制在一个主题当中，因为意外的想法常常会在主题之外产生。

第四步深度访谈。产品或者关于产品的想法被介绍后，用户应该关注产品的细节，产品的功能，如何使用产品以及使用经验等。对于可用性测试而言，这一过程是主体。但是对于情景调查而言，它主要是揭露问题，不进入讨论阶段。

第五步回溯。此步骤允许被访谈者更加广泛地讨论评估产品或者想法。此步骤的讨论可以与第三步进行比较，但是讨论的焦点为第四步产生的想法是如何影响前面所提出的想法的。

第六步结尾。这是用户访谈中最短的一个阶段，它以正式的形式结束访谈。

访谈法可以掌握产品的使用过程，帮助了解个人如何看待、理解并联系与他们生活方式某一方面相关的行为。同时也通过访谈了解产品被使用时的环境及情形以理解产品发挥作用的来龙去脉，等等。用户访谈现场如图 6-4 所示。

图6-4　用户访谈现场

6.3.4　故事板法

故事并不是娱乐，而是将一些难以理解的概念、信息或者说明变得更加容易理解的一种方式。故事板法是最古老的，也是最有效的体验方式之一，它可以描述个人的想法，并创造知识。让用户来讲故事，可以发现其中蕴藏大量的信息。

讲故事有多种形式，但是，要注重故事与产品间的可靠性和相关性。可靠性并不代表不能虚构，故事发展能够适应周围环境的变化，并考虑到了受众的反应。讲故事法要注意的是所讲故事一定要有观点，无论是讲故事的第一个人（讲故事的本人），还是第二个人，或者第三个人。大多数故事都要求至少有开始（有助于理解背景）、中间（故事本身）和结尾（指出故事的意图、寓意或者教训等）。背景、人物、风格、目标、主题、讲述目标和很好的表达作为基础。

6.3.5　参与式设计

参与式设计是一种实用的设计方法，邀请用户参与设计过程，一起建议影响他们即将使用的产品，通过这种方式的体验反馈，结合一定的知识积累，从而增加设计的创新，使得新的解决方案更加流畅。

参与设计的用户应该选择拥有不同的专业、背景和习惯的各类人群，因此就会存在着一定的差异性。参与式设计通常通过工作坊的形式进行，并需要花费一定的时间来共同构筑情境和讨论。研究者也开发了一系列的方法，如图片、故事、表演、游戏和原型等，来激发参与设计的用户表达他们的需求，并获取反馈和建议。这些方法可以让参与设计的用户沉浸在好玩、快速和富有激情的设计当中。参与式设计现场如图 6-5 所示。

6.3.6　场景预演法

场景预演法就是关于未来产品使用环境的设想演练的故事模拟。

图6-5　参与式设计现场

场景最早应用于军队和商业情境中来预想未来会发生的事情，以便采取措施来应对。现在，场景被广泛应用于交互信息系统、家电和服务等设计中。在产品的生命周期中，场景对产生和表现创意、辨明用户需求，以及评价创意和设计原型是非常有用的。

场景预演最大的优点是能够将使用情境嵌入产品的表现中。场景能够呈现任何水平的交互，从产品的特定功能交互，到社会文化情境中人的交互。在使用情境中，参与者能够判断产品适合于谁，产品的使用目的，产品的功能如何，以及应用在什么地方。

场景预演法是通过视频拍摄作为创建场景的一种手段。搭建了一个想象的现实，在电影全体人员（包括演员、摄影师等）的帮助下，导演实现了一部影片。同样的，很多大公司也在生产的影片中来说明他们想象的未来，像苹果、惠普、AT&T 和飞利浦等都在生产专业的视频场景。这些视频场景在某种程度上能够取代功能性的原型，让系统给人们以全方位的体验。

有效的视频场景并不需要像拍电影那样的花费。在设计的早期，粗略的视频就可以被用来探究新的创意的诞生。例如，近几年 VR 的热门，许多公司开始这方面的研究，淘宝就推出了 Buy+，采取模拟场景的方法研究了用户体验。结果表明，模拟场景是一种有效的方法来研究用户体验，以及社会和文化对新技术的影响，采用以用户为中心设计的方法，以用户的使用情境和体验为主线，设计出了生动的产品用户体验。淘宝 Buy+VR 虚拟购物如图 6-6 所示。

图6-6　淘宝Buy+VR虚拟购物

6.3.7　群体文化学

群体文化学，主要是通过实地调查来观察群体并总结群体行为、信仰和生活方式。

在产品研发中，群体文化学结合了新的技术来观察、记录和分析社会形态，它不仅仅是描述性的，还是预测性的；它可以预测用户对产品特征、造型、材质、色彩、使用方式、购买等的偏好。群体文化学关注人的行为、生活方式与文化之间的联系。

从文化学的角度来看，任何社会群体都依靠不同的群体角色、角色地位、文化规范以及同类价值意识而存在。一个社会群体或同一文化圈要想生存和发展，就要按照相同或相近的价值目标进行互动。群体的这种价值期望可以使得他们按照自己的文化规范和价值意识对产品的设计提出不同的要求和期待。因此，产品的设计能否被认同、接纳，关键看这种设计本身能否体现该群体或文化圈的文化规范、价值取向。消费者在购买商品时，不仅仅购买商品的使用价值，还购买商品的附加价值（即能满足消费者感情需求的附加功能）。因此，研究群体文化学有助于了解用户的感性需求和隐性知识，可以帮助决定产品应该拥有的品质。

群体文化学不断采用新的技术和方法，通过图像、视频与音频的移动终端和平台等技术手段，借助数字化的工具（如数码相机、PDA、笔记本电脑、虚拟合作站点或者其他高技术）来记录、转换、编辑和呈现用户的现实信息。

6.4
设计实践——以牙刷为例的用户研究

6.4.1 牙刷用户研究的主要目的

（1）牙刷市场空间究竟有多大？

（2）电动牙刷能获得市场认可吗？

（3）更换牙刷的主要原因是什么？

（4）牙刷品牌的知名度情况调研。

调研时间：2016 年 2 月 20 日至 2016 年 2 月 21 日。

调研方式：赚零用 APP 在线调研。

调研方法：问卷调查法。

样本定义：18 岁以上。

参与调研样本：1 000 人。

合格样本：837 人，其中男性 404 人，女性 433 人。

6.4.2 牙刷调研的所得结论

1. 早晚刷牙已成为用户的习惯，一天连 1 次牙都不刷的人微乎其微

通过对"刷牙频率"的调研，我们发现，1 天刷牙 3 次以上的达到 6%，1 天刷牙 2 次的达到 73%，而 1 天只刷 1 次的达到 20%，好了，真正 2~3 天才刷 1 次牙的仅为 1%。可见刷牙已成人们的习惯。同时，早上刷牙的占到 98%，晚上刷牙的占到 80%，可见早上刷牙相较于晚上更是占了多数。

同时，我们比对了男性和女性的刷牙频次，女性在刷牙频次上的表现显然更积极，比如女性每天刷两次牙的占 80%，男性占 66%，这充分体现了男性在刷牙上显得比较"懒"的特点，不过这对牙刷行业的市场空间基本不造成影响。刷牙日常习惯调研如图 6-7 所示。

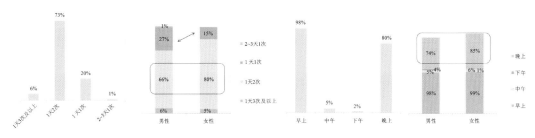

图6-7 刷牙日常习惯调研

2.3分钟以内完成刷牙的占9成，牙刷损耗度其实有限

由于牙刷不像牙膏，并非消耗性产品，所以研究其损耗度就非常重要，而通过调研发现，1分钟以内完成刷牙的占12%，1~2分钟的占51%，而2~3分钟的占31%，3分钟以上的只占6%，可见其实每天刷牙次数虽然频繁，但是单位时间较少，所以单个牙刷的寿命还是不会短的。刷牙时间调研如图6-8所示。

3. 用户最关心的刷牙问题："很矛盾"的质量问题排第一

众所周知，刷毛变形后牙刷就要报废了，而刷毛不易变形也意味着牙刷能够使用的时间更长。但是从消费者的角度来说，他们确实很关心刷毛容易变形的问题（占到56%），关心牙刷刷头会撞到牙龈的问题占到48%，关心刷不到最里面牙齿的问题会占到46%，可见除了刷毛的质量和使用寿命外，牙刷的形状是否能够让刷牙时的体验更加舒适是更多消费者考虑的问题，当然应该得到解决。质量不断提升后，更换频次必然下降，也导致牙刷的总销售量就不怎么大了。牙刷问题列表如图6-9所示。

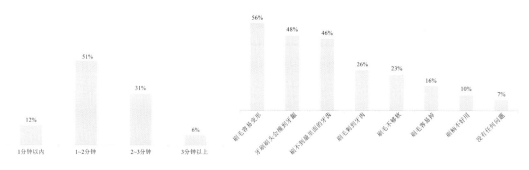

图6-8 刷牙时间调研　　　　　　　　　图6-9 牙刷问题列表

4. 电动牙刷几乎没有市场，手动+软毛是主流

虽然在很早以前，电动牙刷的产品就出现了，但是显然用户并没有特别在意是不是要省"用几下手"的力气，在使用的牙刷类型调研中，我们发现96%的人使用的都是手动牙刷，而使用电动牙刷的仅为2%，使用牙缝刷和替换刷头的都只占到1%，可见前些年推出的那种"换头牙刷"还真是很少的人感兴趣。在刷毛类型中，软毛获得了68%的支持率，中毛、超细毛依然也是有需求的。牙刷种类欢迎度列表如图6-10所示。

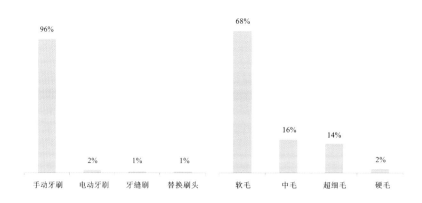

图6-10 牙刷种类欢迎度列表

5. "毛"为"刷"的核心，60%的人买牙刷就是买刷毛

从关于"使用牙刷时主要看重的是什么"的调研来看，刷毛类型关注度高达60%，其次是材质，然后才是价格，而品牌的"最关心度"低至4%，如图6-11所示。可见在牙刷销售中，品牌的重要性并没有那么大。

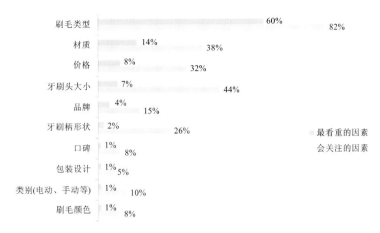

图6-11　牙刷关注度列表

6. 牙刷寿命普遍不高，单次更换主要集中在两个月以内

通过关于"更换牙刷的频率"的调研，我们发现，两周换 1 次的占 4%，每月换一次的占 31%，每两个月换 1 次的占 32%，每季度换一次的占到 26%，所以可见，90% 以上的人每季度最少会换 1 次牙刷。从男女性更换频率分布来看，女性每月更换 1 次牙刷的比例比男性要少（男性 35%；女性 26%），这也与女性用产品更加小心的特点相吻合。牙刷更换的频率如图 6-12 所示。

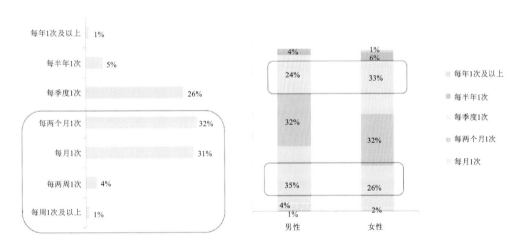

图6-12　牙刷更换的频率

7. 卫生是更换牙刷的首要原因，所以质量好与更换频率快并不冲突

在第三个调研问题的时候，我们提出了这样一个矛盾：如果牙刷质量做得很好，那么就不容易坏，不容易坏就无法提升重复购买率。现在这个问题看来是可以解决了，虽然牙刷不坏（因为刷毛变形进行更换牙刷的只占 42%），但因为担心卫生问题，担心细菌增长的占到 54%，可见即便是产品做得很好，也不用担心消费者不时常更换了。

而在男女比例中，女性对卫生的重视度更强，61% 的女性用户更注重卫生问题，所以对于做牙刷的企业来说，产品偏重女性化研发应该是没错的。更换牙刷的原因如图 6-13 所示。

8. 牙刷品牌知名度排名：佳洁士排名第一，15%无品牌印象

在常用牙刷品牌的调研中，我们发现，佳洁士品牌的最常使用品牌用户比例高达 43%，而三笑、高露洁以及黑人三个品牌的最常使用品牌用户比例加起来只不过占

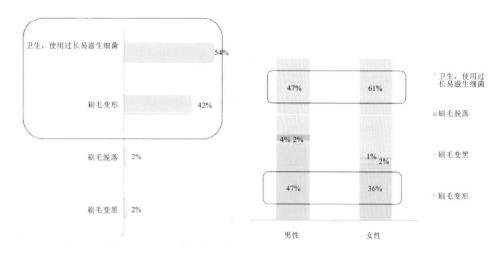

图6-13 更换牙刷的原因

30%。更值得关注的是，对自己最常使用品牌没有印象的用户比例竟然达到15%。可见，在购买牙刷方面，忠诚度确实不如其他品牌重要。佳洁士、高露洁、黑人等牙刷品牌主要是通过牙刷、牙膏打包销售的方式来获得更多的使用率。牙刷品牌调研如图6-14所示。

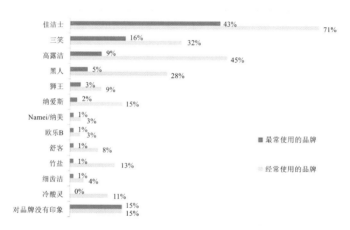

图6-14 牙刷品牌调研

第 7 章

造型设计原理与设计方法

★**教学目标**

　　本章教学目标是学习造型原理与设计方法。分别从造型设计原则、造型构成要素、符号学构成与流程、文化产品设计概念与类型、仿生学与形状文法等内容深入介绍常见设计原理和方法，并结合实际案例分析设计方法的应用。

★**教学重、难点**

　　本章重点是根据产品设计类型与设计内容，应用合理的设计方法进行设计创新实践；难点是应用设计原理和设计方法知识提炼设计创意点,以指导设计创新。

★**实训课题**

　　实训一：应用符号学原理、符号学设计流程来进行特殊人群通用产品设计。

　　实训二：应用文化产品设计原理，提炼地域特色文化元素来进行产品设计。

　　实训三：应用仿生学原理，提炼自然形态和人工形态来进行产品设计。

7.1
造型设计原理概述

图7-1　咖啡壶

　　产品造型是信息的载体，设计师通常利用特有的造型语言（如形体的分割与组合、材料的选择与开发及构造的创新与利用等）进行产品的造型设计；利用产品的特有形态向外界传达出设计师的思想与理念。消费者在选购产品时，也是通过产品造型所表达出的某种信息内容来判断和衡量与其内心所希望的是否一致，并最终做出购买的决定。图 7-1 所示的咖啡壶造型优雅、饱满，视觉冲击力强，通过造型表达一种亲和力。

　　对产品设计而言，造型设计具有重要的作用和意义，主要表现在以下两点。

7.1.1　造型设计丰富产品设计造型语言

　　设计师通常利用特有的造型语言（如形体的分割与组合、材料的选择与开发、构造的创新与利用等）进行产品的形态设计，利用产品的特有形态向外界传达出设计师的思想与理念。消费者在选购产品时，也是通过产品形态所表达出的某种信息内容来判断和衡量与其内心所希望的是否一致，并最终做出购买的决定。

7.1.2　造型设计提高产品设计价值

　　产品造型设计开启了以经济价值为先导的设计时代。产品造型设计是适应人的需要、调和环境、满足需求、完善功能、提高价值的创造性行为。因此，一个成功的产品造型设计应该是融合科学与艺术的精髓，配合现代企业经营观念的创造性产物。一套普通的瓷器，没有做产品造型深入设计，没有餐具图案设计，没有对其进行色彩感觉规范，同时没有包装设计的一点痕迹，这样的商品，仅可靠其陶瓷材质的档次赚取微薄的利润。相反地，一套同样陶瓷档次的瓷器，经专业人士对其做富有个性的造型设计，并以适合的纹样对瓷器进行装饰，再配合精美的包装，这样的一套瓷器所带来的经济效益将远远超过不加设计的产品，它靠着精美的设计，使之获得可观的经济效益。

7.2
常见造型设计原理

7.2.1　基于形态创新设计理论

（一）产品造型设计原则

1. 人性化设计原则

产品设计需要把人的感性要求和理性要求融合到产品设计中，使产品的功能和形态、结构和外观、材料工艺等因素能充分适应人的要求，达到产品与人的完美协调。产品的人性化设计是现代工业设计的大趋势，任何工业产品都是为人设计的，供人使用的。产品的优劣最终是由产品与人之间的协调关系和协调程度来评定的。人性化设计以人为设计中心，对产品从使用、操作、安全、可靠、环境、心理感受等方面做整体考虑和构思，并对人的生理、心理因素做科学的定性与定量分析和研究，从而提出人与产品、机器协调设计的理论依据。人性化设计的产品造型设计围绕人的需求进行设计，人的需求包括生理需求、心理需求等方面。

生理需求：指人们生活、生产、劳动、工作当中必要的需求，不能满足就会带来困难，以致无法生活和工作。心理需求：包括不同的审美意识所表现出来的所有审美需求，不同地位、不同层次的人所表现出来的自我实现的需求等。图 7-2 所示的 502 胶水包装设计采用竹节方式，方便拆掉打开，体现产品人性化操作。

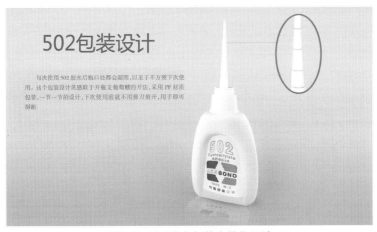

图7-2　502胶水包装人性化设计

2. 创新性原则

产品创新指的是将新产品的构想或生产程序首先作为商业用途，是技术创新、设计创新。创新是产品设计的生命线，设计的价值就在于创新，创新永无止境。

图7-3　空气净化器创新设计

形态设计是产品设计的重要组成部分，形态创新设计自然也就成了产品创新设计的重要组成部分，是产品创新在视觉上的最直观的反映。良好的视觉品质是高品质产品的外在表现，是吸引消费者目光和打动消费者内心的关键，自然也成为提升产品价值和市场竞争力的关键因素。图7-3所示的为空气净化器创新设计。

3. 功能性原则

产品形态是一种为人类生活服务的"工具"，而满足人的功能需求就成了产品最重要的属性，是产品存在的意义所在，同时产品设计必须实现产品的功能和形式的统一：功能永远是产品的基础；形式更好地实现其装饰功能，从而达到完美的统一。在实现产品基本功能的前提下，良好的造型能更好地满足消费者对审美的需求，从而达到促进消费的目的。有了确切的功能语义表达，产品形态设计的功能性原则还体现在形态的塑造要符合使用的方便性，即易用性原则。易用性原则是设计对人性关怀的体现，是创造更合理的生活方式的有效途径。

4. 审美性原则

一件工业产品的造型构成，是由造型要素的比例分配及单元对整体的关系而确立的。设计师根据产品的功能要求、对这一产品的销售对象心理的把握、自己的美学知识，对产品进行整体的与局部的构成。这种设计的过程，在形式感上可因循一些美学法则进行。工业造型设计是不能以设计师个人美学好恶来决定的，它需要以满足大多数销售对象为前提，而基本的美学法则，是大多数人都能接受的。设计师根据这些基本美学法则做延伸或扩张，从而取得较满意的美学效果。形式美的特点和规律，概括起来主要表现为：在变化和统一中求得对比和协调，在对称的均衡中求得安定和轻巧，在比例和尺度中求得节奏和韵律，在主次和同异中求得层次和整合。

（二）产品形态构成要素

产品造型由点、线、面、体等四种不同的基本视觉元素构成，这些基本元素遵循美学法则进行综合组合，形成多元化产品造型。

1. 点

对点的认知是以弱小为基本特征的，在产品造型中，面积、体量弱小的视觉形态，都可以称为点（见图7-4）。点的造型往往体现于产品中的按键、散热孔、排气孔、指示灯、装饰点等要素。设计中通过点的形状、色彩、位置、凸凹关系、排列方式、大小比例等构成的不同知觉特征来传递不同的功能和语义。图7-5所示的为电磁炉控制面板的设计。

图7-4　点的类型与构图

图7-5　电磁炉控制面板的设计

2. 线

在产品造型中，线主要表现为轮廓线、分模线、相贯线、轴线、装饰线等，用来表现产品的轮廓、体积、空间和动势。在产品造型中，线体现了形态对规律（如张力、生长机能、运动、方向等）的运用。产品造型中，线主要表现为轮廓线、分模线、相贯线、轴线、装饰线等，用来表现产品的轮廓、体积、空间和动势。常见的线型有以下三种。

（1）鹦鹉螺曲线——鹦鹉螺，以鹦鹉螺曲线为元素设计的音响如图 7-6 所示。

（2）装饰线——表面装饰纹路。

（3）分型线——丰富造型。

线对视点具有导向作用，长短、曲直、方向等特征和线条的疏密聚散变化，均可构成不同的知觉特点。垂直线：有生长感和重心稳定的特点，有利于表现硬直、庄重、严峻的视觉印象。斜线：能表现强烈的运动感。有机曲线：具有迂回性和自由、活泼的特点，造型给人以含蓄、优雅、丰满、柔和、变化丰富的特性。几何曲线：秩序性强、清晰、肯定、具有理性感，而自由曲线的变化更丰富。图 7-7 所示的换气扇表面的有机装饰线给产品带来很强的视觉效果，提升了产品价值。图 7-8 所示的换气扇疏密间隔的垂直装饰线带来稳定的感觉。图 7-9 所示的空气清新剂外包装盒盒盖，采用花瓣状镂空图案，增加了产品的趣味性。

图7-6　以鹦鹉螺曲线为　　　　图7-7　换气扇表面的　　　　图7-8　换气扇疏密间隔的垂直装饰线
　　　　元素设计的音响　　　　　　　　有机装饰线

图7-9　空气清新剂外包装盒盒盖的镂空图案

3. 面

产品造型面的应用非常广泛，主要包括几何形态面、有机形态面、不规则形态面等。图 7-10 所示的电吹风曲面和 7-11 所示的手持式吸尘器曲面包含几何形体面和有机形态面，两种搭配，使产品造型更加丰富，视觉效果吸引力强，亲和力佳。

（1）几何形态面：明确、庄重、简洁，具有理性的秩序感。

（2）有机形态面：亲切、圆润、丰满、富有弹性，充满生命活力。

（3）不规则形态面：稚拙、朴实、原始，具有人情味和自然的魅力。

图7-10　电吹风曲面　　　　　　　　图7-11　手持式吸尘器曲面

4. 体

立体构成是平面构成的延续和深化，它是使用各种较为单纯的材料进行形状、机能、构造等有目的性的创造行为，通过探求得到一种和谐的、特殊的视觉效果，建立某种视觉秩序，给人以美感，并且为产品形态设计提供广泛的构思方法。图 7-12 所示的 SONY 卡片机以体块造型呈现，给人整体的感觉；图 7-13 所示的果盘，以舞蹈形态为创意元素，裙摆为果盘托盘，造型一气呵成，以曲面方式呈现的体量感给人轻盈的感觉。

（1）大体量：给人强壮、稳重之感。

（2）小体量：给人精致、灵巧、活泼之感。

（3）块状：给人以结实、丰满、稳定的印象。

（4）面状：给人以扩展、充实的感觉，侧面给人一种轻快、流动的心理印象。

（5）线状：给人活泼、轻快的感觉。

图7-12　SONY卡片机　　　　　　　　图7-13　果盘

7.2.2　符号学设计理论

（一）符号学设计相关理论

1. 符号学相关理论

美国哲学家皮尔斯提出了符号的三元关系。皮尔斯把符号解释为符号形体、符号对象和符号解释三个部分。符号形体是"某种对某人来说在某一方面或以某种能力代表某一事物的东西"；符号对象是符号形体所代表的那个"某一事物"；符号解释是符号使用者对符号形体所传达的关于符号对象的信息，也就是意义。

索绪尔提出符号的存在取决于符号能指与所指的结合。能指是指符号的存在形式，构成表达面；所指是符号所承载的意义，即象征意义、文化内涵等，构成内涵面。符号具有任意性，符号所表达的意义必须根据所处环境的社会观念、习俗规定形成，若脱离这些，则符号意义无法传达。设计符号亦是如此，其系统包含一个表达层面和一个内容层面。德国哲学家卡西尔也认为，符号包含着两个方面的内涵：一方面，它是可感知的形式，以形、色、质、味、嗅等想象进行表达；另一方面，它是一种精神的外观，是意指或者意义。在实践中，人们一直在不断地寻找各种观念、情感和信息的交流与表达形式。比如原始的绘画、文字、音乐等，自然而然形成了某些有意义的特殊媒介物，这个有意义的媒介物其实就是符号，如我国古代的甲骨文（见图7-14）、东巴文（见图7-15）、太极图（见图7-16）等都是一种符号形式。可以说，符号是一个抽象的概念，是一种具有表意功能的传达手段或媒介。

| 图7-14　甲骨文 | 图7-15　东巴文 | 图7-16　太极图 |

2. 产品语义学理论

产品语义学是20世纪80年代工业设计界兴起的一种设计思潮，由克里彭多夫和朗诺何夫妇正式提出，在美国克兰布鲁克艺术学院由美国工业设计师协会（IDSA）所举办的"产品语意学研讨会"上被明确提出，并给予定义：产品语义学研究人造物的形态在使用情境中的象征特性，并将此运用于设计中，深刻地影响了当代产品设计发展。产品语义学则是研究产品语言意义的学问。乌尔姆造型设计学院校长马克斯·比尔开始了工业产品符号学研究的先河，他在《符号与设计——符号学美学》一书中指出设计应该根据三个方面的理论进行：一是在技术领域，即结构学与工艺学原理；二是在传播领域，相关符号学理论和产品的传播、操作有关联；三是语用学或目的论原理，即在一定的环境下产品功能的实现和人对产品的适应程度。产品符号可以理解为一个物质形式或者产品的外在表征，依据特定的原则而构成，表现为对人的视觉、触觉和听觉所产生的刺激，是由产品的造型、色彩、结构、肌理、装饰、界面、声音甚至是情境等要素构成的。产品不仅仅具备物理机能，并且还要有以下三种功能：①指示如何使用；②具有象征功能；③构成人们生活其中的象征环境。

罗兰•巴特发表了题为"物的语义学"的演讲，对意义进行了划分，将"物"作为"能指"看待，"物"的"所指"除了功能性的明示意义外，还有它的内涵语义。这里，罗兰•巴特将明示意义称之为符号的外延意指，将内涵意义称之为符号的内涵意指。

外延意义与符号的指称事物之间的关系有关，在语境中是直接表现的显在的关系。产品外延性语意所提倡的是一种实用精神，其根本目的在于，以产品造型为手段，使人们能够通过产品的外形设计迅速理解"这是什么产品""用来做什么""如何使用"等问题，即产品外形直接说明的产品内容。产品外形是一种理性的信息，如产品的功能、操作、结构等。例如，汽车在外延意义上代表能够载人或拉货的移动物，包含车身、发动机、轮胎等。外延意义就是产品本身的形态元素和构成部件。内涵意义与符号指称物所具有的属性、特征之间的关系有关，它是一种感性的信息，更多地与产品形态的生成有关，在语境中不能直接表达出来的。产品外形所表达的是产品物质层面以外的方面，即产品在使用语境中所显示的心理性、文化性、消费性、社会性的象征意义。内涵意义是用户观察、使用后所产生的情感联系、意识形态和社会文化等方面的内容。内涵意义体现了用户与产品之间的感觉、情绪产生互动的关系。内涵意义没有统一的标准，它比外延意义更加开放，不同的社会条件会导致内涵意义发生变化。

图7-17 "蚕茧"哺乳婴儿襁褓背带

图7-17所示的以"蚕茧"为元素设计的哺乳婴儿襁褓背带产品：在外延上，包裹式造型体现形态上的关联；在内涵上，以蚕茧为主题体现母爱的人文关怀。外延性语意是产品存在的基础，是第一性的语义传达，它较之产品造型的内涵性语意表达更为直观，更为理性，更为逻辑化。内涵性语意是以外延性语意为前提的，二者相互关联。

（二）产品设计符号学构成

设计符号学就是将符号学原理引入设计中，探讨设计的形态要素在使用时被赋予的功能、意义、理念、构造和情感之间的关系。将这些形态要素融入设计客体中，能够使其在相同功效下更多地体现文化因素、价值观念以及操作方式，并通过人的视觉、情感和心理反应后对产品形成感知和辨识，从而进一步理解设计师所表达的情感和意义。图7-18所示的灯泡符号，可以延伸到其他产品上，可以是传统意义的灯泡，也可以是肩膀按摩器，赋予产品新的文化内涵。

1. 功能性语意

功能性语意，是指示产品机能属性及其功用的语意。好的产品不但要"可用"，而且要"适用"，并具备如下的语意特征：指示产品的功能及其使用方式。功能性语意强调实用性，但它不是单纯形式上的简化，而是要通过形态语言的自我说明来实现这一目的。在设计中，通过对使用者的认知行为和习惯性反应，而不仅仅是机器的内部结构来确定产品的造型。形态、肌理、材料、色彩等都可以成为功能性语意的传播介质。

　　产品功能性语意的合理表达离不开对人生理和心理特征的深入研究，这就要求在设计中，采用符合人使用习惯及视觉思维的造型符号，整合加工工艺、材料、色彩等要素，依据人机工学原理，重点考究在使用过程中好拿、好放、好用，使产品的把手距离恰当、粗细适度、机理自然，材料耐骤冷骤热，并提高生产效率，降低资源消耗，消除环境污染，实现可持续发展等。图 7-19 所示的 LED 交通警示灯，通过闪烁灯光和红外投射灯的指示性功能语意，传达产品的具体使用功能和使用场合。

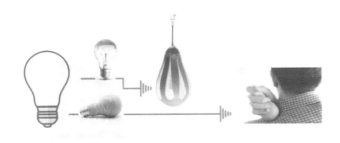 

图7-18　灯泡符号意义延伸　　　　　　　　图7-19　LED交通警示灯

2. 象征性语意

　　随着社会个性需求的提升，产品的差异化特征变得越来越明显，它不再是单一的有形个体，而越来越演绎为一种身份、文化、观念、习俗、时代的象征，并通过产品的造型符号传递出来，成为功能之外的附加价值，而这正是产品象征性语意的主要特征。一般来说，具有某种象征意义的产品与使用者的沟通，不仅仅局限于简单的机能式的生理沟通，而更强调产品与人的情感交流和对话。图 7-20 所示的 VAIO 笔记本电脑外观时尚，色彩绚丽，给人传递年轻、清新的朝气与活力的感觉，对于年轻时尚群体而言，拥有这样的产品象征着其审美品位。

图7-20　VAIO笔记本电脑

3. 趣味性语意

　　产品的趣味性语意可分为机趣（从机智、灵巧方面表达趣）、谐趣（从诙谐、滑稽方面表达趣）、雅趣（从雅致、风趣方面表达趣）、情趣（从情爱、情致方面表达趣）、天趣（从自然天性方面表达趣）、理趣（从理智、聪颖方面表达趣）、童趣（从儿童的角度表达趣）、拙趣（从憨态可掬方面表达趣）、奇趣（从奇、反常道方面表达趣）等多种语意特征。这些趣味语意，主要是通过趣味化的造型符号来表达的。在满足基本功能的前提下，将各种可爱的、幽默的、卡通的、搞笑的符号和元素融入形体设计中，同时结合人的情感取向，作意向化的细节处理。图 7-21 所示的一套具有情趣韵味表情的汤匙，在使用过程中能给人放松、回归童趣的美好感受。

图7-21 趣味汤匙

4. 关怀性语意

关怀性语意的准确表达离不开对生活的仔细观察和对人性的深刻研究。设计师需要严格遵循人机工学原理,借助合理的造型符号,赋予人生理和心理上的多重关怀,让用户在使用过程中情不自禁地被感动,并最终演绎为一种情感的寄托。图 7-22 所示的带有保暖防滑套的水杯,给人温暖和温馨的感觉,深深打动用户的心。

图7-22 带有保暖防滑套的水杯

(三) 产品符号语义设计的一般流程

产品符号语义设计的一般流程(见图 7-23)包括产品语境设定、产品角色设定、产品造型语义提炼、产品视觉化设计四个环节。

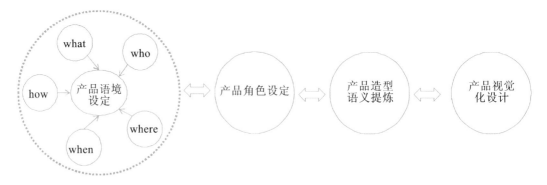

图7-23 产品符号语义设计的一般流程

1. 产品语境设定

产品语境设定如图 7-24 所示。

(1) 使用人群的确定(who):该目标群最好是具有相同需求和欲望,这样各因素

使用目的的确定

产品可以用来完成什么功能，尽量避免使用常用的名词，如"椅子"，可描述为"能够平稳承受人以坐的姿态存在的一种器具"

使用人群的确定

包括年龄、身份、爱好、生活方式等，使产品语义的传达和解读更具有针对性

使用方式的确定

需要从人的感官(视觉、听觉、触觉等)进行全面提炼

使用地点（环境）的确定

需要明确具体的使用空间和更广泛的地域和风俗特征

使用时间的确定

某些特定的产品在特定的时间或时期使用

图7-24　产品语境设定

才较为统一，更利于把握其一定范围内的意象诠释。

　　（2）使用目的的确定（what）：明确产品是用来干什么的。

　　（3）使用方式的确定（how）：明确产品如何使用与操作，如产品的交互设计。

　　（4）使用地点（环境）的确定（where）：确定产品的使用地点，不同的环境对产品设计的要求不同（包含地域文化对产品设计的影响）。

　　（5）使用时间的确定（when）：确定产品的使用时间，结合使用人群、使用方式、使用环境综合考虑。

2. 产品角色设定

　　根据设定好的使用情境，从中提取产品角色，探讨产品固有的角色及其在所处环境内应有的地位及象征。产品角色设定如图 7-25 所示。

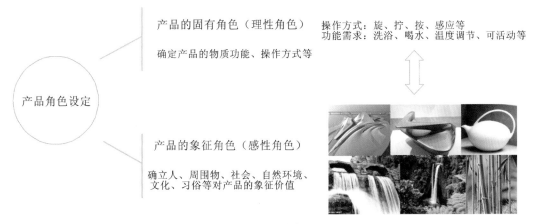

产品的固有角色（理性角色）

确定产品的物质功能、操作方式等

操作方式：旋、拧、按、感应等
功能需求：洗浴、喝水、温度调节、可活动等

产品角色设定

产品的象征角色（感性角色）

确立人、周围物、社会、自然环境、文化、习俗等对产品的象征价值

图7-25　产品角色设定

　　（1）产品的固有角色：也称自然角色，可根据产品自身机能及其使用行为来确定。

　　（2）产品的象征角色：也称社会角色，可从产品所处的周围物、社会、自然环境、风俗、习惯等来获取。

3. 产品造型语义提炼（符号转化为设计元素）

　　应用形式语言对产品的固有角色和象征角色进行归纳提炼，使二者关联，将产品抽象的语义属性，通过明确、具体的产品形态加以转化、重构，最终使产品与人的沟通变得简单、直接。产品语义提炼如图 7-26 所示。

4. 产品视觉化设计

　　对具体的产品形态进行视觉化深入设计，考虑产品功能、形态、材质、色彩、工艺

等方面，让产品更加全面、成熟，如图 7-27、图 7-28 所示的水龙头视觉化设计，根据水龙头的双重角色和语义属性进行提炼，并应用到产品上，设计出不同方向的方案。

产品造型语义提炼 —— 运用形式语言对产品的双重角色进行归纳、提炼和诠释，将抽象的产品语义以人可感知、理解的具体形态进行塑造和表达

图7-26 产品语义提炼

图7-27 水龙头视觉化设计1

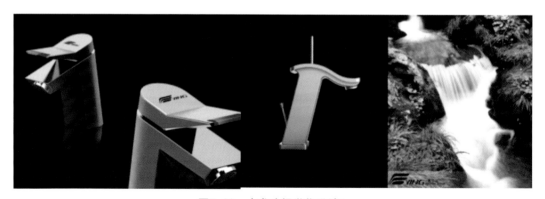

图7-28 水龙头视觉化设计2

7.2.3　隐喻设计理论

（一）隐喻设计概念

《文则》卷上丙云："《易》之有象，以尽其意；《诗》之有比，以达其情。"关于古人以象致意，借必达情的表现手法古语早有记载。隐喻是在喻体事物的暗示下感知、体验、想象、理解、谈论本体事物的心理行为、语言行为和文化行为。

狭义的隐喻被认为是语言学中一种修饰性的语言使用现象，亚里士多德把一切修辞现象称为隐喻性语言。从《辞源》上来看，隐喻（在希腊文中的原意为"转换"。在英文中有其隐喻式的意涵，指"将意义由某事物转移至另一事物"。而广义的隐喻则被认为是一种认知现象，隐喻所表现的一个形象是对另一个形象的替代，源自两者的相似性。这种相似性来自于多方面，包括物理上的和心理上的，物理相似的隐喻比较浅显直白，人们通过感官领悟，而心理相似的隐喻上升到人们的情感层面，追求获得情感上的共鸣，比较抽象，难以言说。

隐喻设计由设计的本体、喻体和比喻词组成。本体指的是被比喻的事物，也就是产品本身；喻体指的是用作比喻的事物，指传达某种含义的其他事物形象；比喻词就是连接本体和喻体的关联方式。

隐喻设计通常用另一个我们更为熟悉亲切的形象来替代需要表达的较为陌生抽象的形象，帮助用户认知。能指：是感官可以感受到的部分，包括构成物体的形式、色彩、材料、结构等。隐喻作为一种重要的设计手法，运用到产品形态设计中能够通过转义的方式传达产品的信息，表达产品的情感，提升产品的内涵。产品的符号形式及意义的确立与获得必须依赖于特定语境的制约和关联。

1. 能指相似性隐喻：基于形式的关联

"浪花"，水浪散开的形状与花开十分相似，因而用"花"来称呼某一形状的水浪。"蛇形公路"，公路与蛇在固有的形态上的相似构成了隐喻的基础。图 7-29 所示的模仿蝙蝠的夹子案例，是基于形式关联的隐喻设计的应用。

图片	本体的能指	本体的所指	喻体的能指	喻体的所指
	衣夹子	夹衣服	蝙蝠	有趣
	模仿蝙蝠的形态，无论是在夹衣物的时候还是在空闲的时候，整个都与蝙蝠的捕食、在树上倒挂着的生活型态相似，体现出生活的情趣			

图7-29　蝙蝠夹子

2. 所指相似性隐喻：基于意义的关联

所指相似性隐喻如"光明的未来"，其隐喻产生的内涵意义与产品的外延意义（功能性意义）类似，因而基于意义层面类似的隐喻可以通过产生内涵意义，间接传达出产品无法直接传达的功能性意义。图7-30所示的"狗咬"系列产品，以"咬"与"抓握"行为关联，是基于意义关联的应用，增加产品的趣味性。图7-31所示的根茎花瓶，以花的根茎形象代替花瓶，趣味性十足。

案例	本体的能指	本体的所指	喻体的所指	喻体的能指
	手套	抓握	咬	狗
	由于狗"咬"这一动作与用手"抓握"的行为存在一定的相似性，因此以狗的嘴巴咬住锅的把手，增加了操作的情趣性			

图7-30 "狗咬"系列产品

案例	本体的能指	本体的所指	喻体的所指	喻体的能指
	花瓶	插花	花的根茎	花的生长
	插在花瓶中的是花的根茎部分，因此，以花的根茎形象替代花瓶			

图7-31 根茎花瓶

（二）案例分析

1. 捕捉头发的水槽塞

长头发的人在洗头、洗澡的时候，掉落的头发流入水槽，长时间会造成管道阻塞。这款树状水塞（见图7-32和图7-33）可以及时地阻挡头发，防止头发阻塞管道，树状与头发缠绕在固有的形态上的相似构成了隐喻的基础。

图7-32 捕捉头发的水槽塞

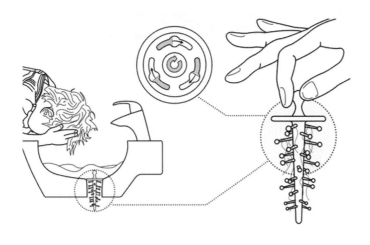

图7-33 捕捉头发的水槽塞

2. 毛笔雨伞

台湾科技大学的刘香伶设计的毛笔雨伞（见图 7–34 和图 7–35），顶部可以收集雨水，在下雨天等车无聊的时候可以在地上用水涂画，一物两用，打发时间且干净环保。以"毛笔写字"与"雨伞收集雨水"行为关联，而且伞头和毛笔头的造型有一定的相似性，是基于意义关联的应用，增加产品的趣味性。

图7-34 毛笔雨伞1

图7-35　毛笔雨伞2

7.2.4　文化产品设计理论

（一）文化的概念

"文化"一词在中国古代早已有之，"文"的本意是指各色交错的纹理，并引申为包括语言文字在内的各种象征符号，进而具体化为文物典籍、礼乐制度。"化"则有变、改、化生、造化和化育等意。"文、化"二字共同使用最早是在战国末年《易传》之中。《易·贲卦·象传》的《象传》中写道："刚柔交错，天文也。文明以止，人文也。观乎天文，以察时变；观乎人文，以化成天下。"这段的意思是天象是有规律可循的，人伦也是有规律可循的。《辞海》对"文化"一词的解释是："广义的文化是人类社会历史实践过程中所创造的物质财富和精神财富的总和。狭义的文化是指社会的意识形态，以及与之适应的制度和组织机构。"

"文化"一词的英文和法文都为 culture，而德文为 kultur，这些词汇都来源于拉丁文 culture。这一词具有名词和动词两种词性，中文解释为文化、文明、修养和栽培的意思。最先对"文化"一词进行定义的是英国人类学家 E.B.泰勒，他给文化下过两次定义。第一个定义是：文化是一个复杂的总体，包括知识、艺术、宗教、神话、法律、风俗，以及其他社会现象。第二个定义是：文化是一个复杂的总体，包括知识、信仰、艺术、道德、法律、风俗，以及人类在社会里所得到一切的能力与养成的习惯。

冯天瑜在《中华文化史》中将文化划分为四个层次，它们分别是物态文化层、制度文化层、行为文化层、心态文化层。物态文化层是指，通过人类加工自然而生产制造的相关器物，它是人类物质生产活动方式和产品的总和，是真实存在的具有物质实体的文化事物，是构成文化造物的物质基础。制度文化层是指，由人类在社会实践中组建的各种社会规范。行为文化层是由人类在社会实践中，尤其是在人际交往中，约定俗成的习惯性定式。心态文化层是在社会实践和意识活动中，长期孕育出来的价值观念、审美情趣、思维方式等主体因素构成。心态文化层又可细分为社会心理和社会意识形态两个层次。文化的不同层次，在特定的结构、功能系统中融为统一的整体。这个整体既是上一代文化历史的累积，具有继承性，同时又在变化的环境中不断地演变和进化，因而具有发展性、革命性。

（二）文化产品设计的概念

文化产品是指以文化为核心，依靠设计者的智慧、能力，凭借充满创意的方式将文化资源加以创造和提升，并将文化与产品巧妙地结合在一起，最终转化成具有商品价值和高文化附加值的产品。从创意文化产品的定义中可以知道，围绕创意文化产品的核心要素是文化和创意，创意是产品所呈现在人们面前的表象特征，通过极富个性、新颖的产品造型、使用功能等吸引人们的注意；而文化则是产品所传递给人们精神层面的信息，满足人们对精神文化的需求，提升人们的品质和文化修养。

文化是一个民族的精神体现和时代特征，它是经过长时间的历史沉淀而形成的，文化是一个复杂的总体，包括知识、信仰、艺术、道德、法律、风俗，以及人类在社会里所有的能力与习惯。不同的民族受到地理环境、社会制度、宗教思想等因素的影响，最终形成具有本民族特色的文化。越是历史悠久的民族，其文化的内涵就越深厚，所呈现出的文化精神就越强烈，因而其民族性就越发突出、越发明显。文化是历史留给我们最宝贵的财富，我们应该将这些优秀的文化资源加以利用，借鉴国外已有的成功经验，设计出具有中国特色的创意文化产品，这样才能把我们的产品推广到世界范围内，同时将优秀的中国文化展示在世人面前，为弘扬传统文化、传承文化经典、促进经济文化交流做出贡献。图 7-36 和图 7-37 所示的凤凰戏水水龙头，把中国传统文化完美融合于现代卫浴的简约设计之中。中国自古以来，凤凰图腾代表着吉祥和气。此设计借助凤凰的灵感，采用水槽和水龙头一体化的设计，更加体现了整体感。水龙头的设计源自凤凰回头的灵感，水槽的展开设计，寓意凤凰展翅，具有强烈的生动性。所谓龙凤呈祥，戏水而出。

图7-36　凤凰戏水水龙头1

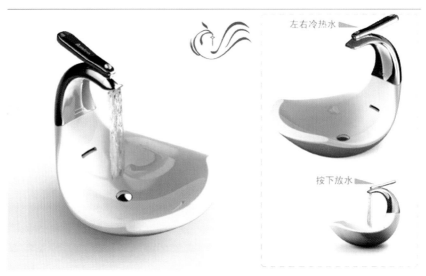

图7-37　凤凰戏水水龙头2

（三）文化产品设计的分类

1. 功能类创意文化产品

功能类创意文化产品是指以突显产品功能为主要目的的创意文化产品，例如，钟表、餐具、文具、水杯、灯具、玩具、家用小电器等。这类产品以实用功能作为产品的基础，并将特定的文化内涵与具有创意的设计结合，创造出富有新意的产品，在给人们的生活带来方便快捷的同时，也带给人们欢乐与轻松。功能类创意文化产品占据较多的市场，也是创意文化产品进行设计的重要类别，根据不同的文化主题、市场定位、消费需求可以扩展出不同的产品方向，进而满足不同消费人群的产品需要。图 7-38 所示的小牛香薰灯是集合香薰和台灯为一体的文化产品，实用性较强。

图7-38　小牛香薰灯

2. 欣赏类创意文化产品

欣赏类创意文化产品是指以审美欣赏为主要目的的创意文化产品，例如，泥塑、木雕、石雕、陶瓷制品、玻璃制品等。随着生活水平的提高，人们已经不用再为温饱而担忧，人们需求的重点逐渐从物质需求向精神需求方面转移。人们购买这类产品主要是希望通过产品带给人们以感官上的享受和精神层面的满足，将这类产品摆放在家中可以为室内增添艺术文化气息，同时可以陶冶情操，当人们在细致地研究产品工艺与文化内涵时，又会增长自己的文化知识，进而提升自身的艺术修养。图 7-39 所示的高山流水倒流香台，写意般的将国画中的高山流水的意境表现得淋漓尽致，产品增添了艺术品位。

3. 纪念类创意文化产品

纪念类创意文化产品是指因为旅游、会议、展览等特定文化活动而产生的具有纪念意义的创意文化产品。纪念类创意文化产品体现了特定文化活动的特征，在旅行时购买的纪念产品（具有当地特色的民间工艺品、装饰绘画、民族服饰等）就体现了当地的文化特征与风土人情，每当消费者看到这些产品时就会产生回忆，再一次重温地方文化的魅力。当举行大型的展览、会议等活动时，也会销售或发放与活动相关的纪念产品，例如服饰、纪念册、文具、徽章等。这些产品都是值得珍藏和纪念的，它们成为见证某一重要文化活动的物质载体。图7-40所示的沪语密码锁带有浓郁的地域文化特色，是传播当地文化的物质载体。

图7-39　高山流水倒流香台

图7-40　沪语密码锁

（四）文化产品设计的特点

文化产品设计作为新兴第三产业的一种，其自身有着明显区别于其他产业的特征，具体如下。

1. 高附加值、高渗透性与高融合性

文化产品设计的核心是具备知识、文化底蕴和丰富想象力的人才`，因此它是一个高附加值的产业。文化产品设计与文化，尤其是与传统文化紧密相连，其新思想、新技术、新内容很容易物化到其他产业部门，比如旅游纪念产品设计集中展现区域文化特色、博物馆纪念产品寓教于乐带有一定普及博物馆文化知识的作用，等等。

2. 以文化为主题，高度智能化与个性化

文化产品设计是以文化为主题，通过设计知识和技术创造新的价值，展现人文风韵。与此同时，文化创意产业以人才为核心、以设计师的创意为最初产品的特点也决定了其具有高度的个性化特征。

3. 产品内容多元化

由于文化具有多元化特征，因此以文化为核心吸引点的文化产品内容也呈现多元化特征。各地文化千姿百态，文化产品的内容又涉及风土人情、艺术表演、遗迹遗址、民族宗教、科研探险等生产生活的各个方面，拥有广泛的受众。

7.2.5　仿生学设计理论

（一）仿生学的概念

所谓仿生学，是模仿生物系统的原理来建造技术系统的科学。自然界的生物经过上

亿年的进化，为适应自然，必有其生命原动力的存在。所有生物都具有由自然造就的必然性结构或组织内涵，在机能上不仅达到了需要、合理、科学的实用性，在形态上也具有了相当的形态完美性。借鉴自然，可以启发人类在创作上的许多构思，仿生学应运而生。仿生学的应用原理是对动植物的结构、形态、功能和行为的模仿或者利用，从中得到的启发来解决面临的技术问题。其突出特点是，最广泛地运用类比、模拟和模型方法。

仿生学在人类生活各方面的应用极大地提高了人类对自然的适应能力和改造能力，并产生巨大的社会经济效益。现代仿生学已经向很多领域延伸，它的发展需要生物学、物理学、化学、医学、数学、材料学、机械学、动力学、控制论，以及航空、航天和航海工程等众多学科领域的结合。反过来，仿生学的发展又推动了这些学科的进步。图7-41所示的华佗五禽戏，由东汉末年著名医学家华佗根据中医原理，以模仿虎鹿熊猿鸟等五种动物的动作和神态编创的一套导引术。

图7-41　华佗五禽戏

（二）仿生学设计的概念

仿生学设计是在仿生学和设计学的基础上发展起来的，通过对生物系统某些原理的实验性模拟，进行整理、分析，再提炼，从而构思设计出具有类似于生物系统某些特征的一种新的设计思维方法进行产品设计。仿生学设计可以说是仿生学的延续和发展，是仿生学研究成果在人类生活中的反映，主要涉及数学、生物学、电子学、物理学、控制论、信息论、人机学、心理学、材料学、机械学、动力学、工程学、经济学、色彩学、美学、传播学、伦理学等相关学科。

仿生学设计，一方面具有仿生的概念，另一方面其原理又构成了设计的基础。仿生学设计的主要知识要求包括人机工程学、美学、认知心理学以及符号理论等设计学基础知识、平面与立体的基础造型能力、设计表达能力、形象认知与设计思维知识、设计方法学、设计原理与程序等。另外，仿生学设计还需要自然和社会知识的支持，如材料学、心理学、仿生学、生物学、环境学、经济学、科学史等。

产品仿生设计是产品设计的一种手段，在产品设计中引入仿生方法的设计手段和设计仿生。产品的仿生设计源于对自然生物的思考和启发。通过对生物体的结构、功能、形态、色彩等一系列特征的提取、分析，并进行模仿来取得创新设计的产品设计方法。

产品仿生设计作为一种设计手段，融合了产品设计和仿生学与仿生设计学的理论和方法。从广义上来讲，是对生物、生物本身所在的环境和生物的行为方式进行模拟和借鉴应用，但不是对功能、结构、形态、色彩等方面的单纯简单复制，而是根据产品设计的需要，有针对性地结合使用。从狭义上来理解则是对被仿生对象的特征，包括其形态、色彩、肌理等进行模仿应用。图 7-42 所示的天鹅浴缸，造型设计灵感源于天鹅，造型优美，设计对象与原型关联性较佳，给人愉悦的心理体验。

（三）仿生学设计的分类

产品仿生学设计的类型有形态仿生设计、色彩仿生设计、肌理仿生设计、功能仿生设计、结构仿生设计、环境仿生设计。

1. 形态仿生设计

形态仿生设计是提取生物体（包括动物、植物、微生物、人类）和自然界物质存在（如日、月、风、云、山、川、雷、电等）的外部形态及其象征寓意，并通过相应的艺术处理手法将之应用于设计之中。在产品外观造型设计上，仿生设计多用于形态仿生，任何产品都具有不同的形态。产品设计的形态美中有直接来源于自然界的真实形态，也有发自于理念思考的抽象形态。根据形态再现事物的逼真程度、特征和特性，仿生形态可以分为具象形态、抽象形态和意象形态三种。例如：少数民族精心制造的蝙蝠帽、蝴蝶帽、虎头帽（见图 7-43）、猫头帽、鹰头帽、鱼尾帽等，还有西瓜帽，荷叶帽都是直观模拟动植物的具象形态进行设计的，具有艺术性和装饰性，而且还具有实用性。

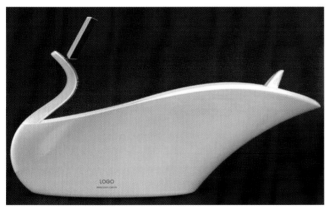

图7-42　天鹅浴缸

图7-43　虎头帽

再如：根据鹰的身体形态特点设计飞行器，模仿鱼类的流线型特点设计军舰。这些形态模拟，不仅是简单的形态模拟，还是通过加工整理，提炼重组，设计出富于美感的抽象形态。

意象形态仿生设计是仿生设计的高级阶段，关键是找到原型和对象之间存在的特定的联系，把有关自然物的属性，运用比喻、象征等手法，用来体现产品的特质。意象形态的仿生是设计师（对自然）的感悟，并将这种感悟通过产品阐释出来，从而达到物我交融的境界，关键是通过产品和自然物的类比，找出自然物与产品之间的内在关系。如果这种关系取舍恰当，就会使设计形神兼备，更好地体现产品的特质。

图 7-44 所示为伊莱克斯推出一款产品名为 Trilobite（三叶虫）的吸尘机器人，是

典型的意象形态仿生方法的完美运用。它具备红外感应器和改良的导航运算法则，能够在特定的时间自动清理地板。Trilobite 吸尘机器人的设计灵感源自一种名为 Trilobite 的史前生物。在设计 Trilobite 吸尘机时，赋予一个划时代而有光泽的铜红色，再配上圆形的设计，以确保 Trilobite 能自由穿梭每一个角落。

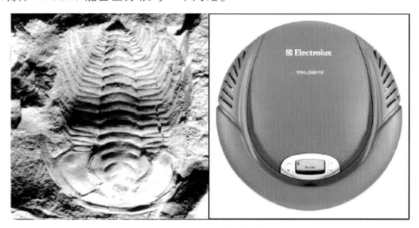

图7-44　三叶虫吸尘器

2. 色彩仿生设计

在自然界中存在着的千姿百态的色彩组合中，探索和发现它们独特的色彩规则，将它们表现出的极其和谐与统一，以及斑斓物象本身的对比与调和关系，运用于色彩设计中即为色彩仿生设计。自然色彩是色彩借鉴最直接的来源，色彩仿生应用十分广泛，尤其在图案设计、服装设计、以及平面设计、立体设计等领域。图案设计方面，仿色运用比较广泛，大自然中有着美不胜收的自然风景图案、五彩缤纷的动物图案和植物图案比比皆是。在锦绣绸缎上的色调使用，就是仿生学在图案设计上的成功应用，深受各国人们的欢迎。图 7-45 所示的剃毛器色彩就是提取鹅卵石色彩进行设计的。

图7-45　提取沙滩、鹅卵石颜色的剃毛器

3. 肌理仿生设计

模拟生物表面机理的一种自然属性，传达造型材料的表面组织结构，形态和纹理等审美体验和视觉效果，我们称之肌理仿生设计。深泽直人设计的果汁系列包装如图 7-46 所示，当你一看到这些包装盒，就会马上联想到新鲜可口的水果。

由生物的质地和肌理构成的材质感是仿生设计形式美的重要美感之一。由于仿生设计的再造功能，把大自然形形色色的质地进行了开发，体现了人的创造审美特点。如我国的服装中的仿真皮革，还有服装磨砂面料是模拟鹿皮的质感，制作皮鞋的面料，常常模拟为蛇皮、鱼皮等质感，不仅视觉效果好，而且给人以回忆自然的美感。斑马身上的条纹是为适应生存环境而衍化出来的保护色，人类将斑马条纹应用到军事上是一个很成功的仿生学例子。由于材料表面处理技术的不断发展，仿生材料的诞生，又为肌理仿生提供了五彩缤纷的奇特领域。图7-47所示的"Seasons四季"仿生餐具，其理念来源于使用植物叶茎来包裹事物的习惯。这些和树叶一样清新的碟子由硅砂材料做成，独特的柔韧性方便灵活应用和运输，同时也很方便在微波炉、烤箱等厨房用具中使用。将这些变化万千、简洁美观的碟子堆砌或洒落又可以形成一件件赏心悦目的家居艺术品，充满诗意！

图7-46　深泽直人设计的果汁系列包装　　　　图7-47　"Seasons四季"仿生餐具

4. 功能仿生设计

功能仿生主要是研究生物体和自然界物质存在的功能原理，并用这些原理去改进现有的或建造新的技术系统，以促进产品的更新换代或新产品的开发。换句话来说，更多的功能仿生则是根据生物系统某些优异的特点来捕捉设计灵感的，通过技术上的模拟，使其具有更优越性能的产品。满足了人对功能与实用的双重需求。

例如，计算机模仿大脑的存储功能，控制机器人，来完成各种恶劣环境下的工作。减轻了人的劳动强度，提高了生产率，改善了劳动条件。再如模仿蚊子的嘴开发出极细的注射针头，极大地减轻了注射时的疼痛感，减少了人们精神紧张的负担；模仿苍蝇的眼睛制成了"蝇眼透镜"。

科学家根据鸟类眼的构造原理，模拟制造出了电子鸽眼和电子鹰眼，分别有不同的用途。电子鸽眼所装配的雷达系统，设置在机场边缘和国境线上，由于模仿了鸽眼视觉运动方向的特点，可以有选择地发现目标，只监视飞进来的飞机和导弹，而对飞出去的则视而不见，并且有很高的灵敏度。电子鹰眼则装配在高空飞行的侦察机上，使飞行员借助荧光屏在万米以上的高空能看清地面上宽阔视野里的所有物体，一旦发现目标，便可进一步放大，供飞行员分析或通知地面的导航系统。图7-48所示的注射针头就是仿蚊子的嘴而设计的，方便进行静脉注射。

5. 结构仿生设计

技术领域的结构仿生设计要研究力学结构，还包括物质宏观和微观的组织原则，通过研究生物整体或部分的构造组织方式发现

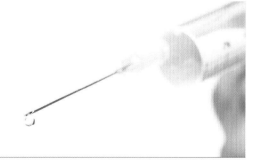

图7-48　仿蚊子的嘴设计的注射针头

其中与产品的潜在相似性，进而对其进行模仿，以创造新的形象或解决新的问题。研究最多的是植物的茎、叶，以及动物形体、肌肉、骨骼的结构。产品设计领域的结构仿生，往往从模拟生物外形开始，模拟生物外形所具有的功能，如模仿鱼外形设计潜艇，模仿鸟类进行飞行器设计。典型例子如模仿蜜蜂窝结构特点，制作工程蜂窝结构材料，具有质量轻、强度和刚度大、隔热和隔音性能好的特点，现已被广泛地应用在飞机、火箭和建筑结构上。

6. 环境仿生设计

环境仿生是从生态的角度对自然环境的一种模拟，使人身临其境，有一种回归自然的感觉。人类生态的意识具有悠久的历史，古代的"天人合一"的自然本体思想都是人类生态意识的反映。人类生态的问题不仅涉及人与自然的关系，而且还涉及人类社会和各种文化形态的影响。人是自然的一部分，更好地融入自然才能与自然协调发展。

图7-49　PHILIPS公司"诺亚方舟"项目

环境仿生多应用于室内设计、环境设计中。环境仿生是人类追求返璞归真，并尝试与大自然融合的仿生手段。图7-49所示的PHILIPS公司"诺亚方舟"项目的投影系统所呈现的整体场景，唤起人们生理的自然节奏，帮助休息。以自然的方式丰富其睡眠、苏醒的活动，同时引起心灵与自然的共鸣。

(四) 仿生学设计的特点

1. 仿生设计想法的创意感性

设计师利用直观和感性的思考，从语意学、色彩感知与认知心理出发，在产品设计目标的基础上进行创新和探索。具体的感性思考：分析与体会对要设计的物品的感情，比如说独特、大众、运动、文静、古典、现代等；以简单的语言来表达设计所要赋予产品的感情，比如柔弱、力感、沉稳、跳跃等；理解产品仿生的情感，比如亲和力、人性化、情趣性、生命力等；循序渐进的练习、体会、整理出设计品不同部位的不同表情，如上部灵活、下部平稳等；人－机－环境的考虑，从产品的静止摆设环境，来设想产品表情的融入环境；需要找到产品仿生的意象结合点和兴奋点，从消费者期待的产品象征意义，总结出产品仿生设计的仿生元素，应用到产品设计上。

2. 仿生的生物对象的创意理性

根据产品设计概念和目标要求，明确仿生的思维方式和仿生类型。就是根据产品的诸要素结构、形态、功能、色彩、肌理质感等所要实现的仿生目标要求，更好地从自然界中寻找可以提取仿生要素的生物模型对象或一系列对象。

具体来说：对功能占主导地位的产品，要考虑产品整体的机能、结构，如何实现产品的功能或使功能得到最好的发挥；对人操作占主导地位的产品，考虑人机工程要素，如何使使用者更安全和舒适地使用产品；对功能限制不占主导地位的产品，如家具、灯具等，设计该类产品时，功能对设计的约束已经非常小了，我们更多的是考虑如何创造出具有形式美感的产品形态来。在经过市场需求、功能创新、结构要求、使用状态等设计要素的分析之后，主要是怎样创造出一个具有美感的能被消费者喜爱的产品形态来。

7.2.6　形状文法设计理论

（一）形状文法的概念

文法，又称语法，最早源于语言学范畴，一般用来指词、句组成的规律，以及语言中的句子、短语、词汇的逻辑、结构特征以及构成方式。随着科学技术的不断发展和进步，各类原本相互独立发展的学科也彼此借鉴、互为依托，在更大程度上达到融合，"文法"这一语言学概念也被运用到了设计中。早在 1954 年，我国著名建筑学家梁思成先生就提出了"中国建筑的文法"问题，他在《中国建筑的特征》一文中总结了中国建筑的九大特征，并进一步指出"这一切特点都有一定的风格和手法，为匠师们所遵守，为人民所承认，我们可以把它叫作中国建筑的'文法'。"虽然"这种'文法'有一定的拘束性，但同时也有极大的运用的灵活性，有多样性的表现。"因而"运用这'文法'的规则，为了不同的需要，可以用极不相同的'词汇'构成极不相同的体形，表达极不相同的情感，解决极不相同的问题，创造极不相同的类型。"

"形状文法"最早是由麻省理工学院建筑系计算机设计学教授乔治·斯蒂尼在 1972 年提出的，他在《环境和规划·B》杂志上发表的"介绍形状和形状文法"一文，完整描述了形状文法的概念和结构体系，奠定了形状文法的理论基础。具体来说，形状文法是一种计算机辅助设计方法（CAD），它可以按照人们的设计思想和要求，依据一定的规则自动地产生新形态。形状文法是一个四元组，即 SG=（S，L，R，I），其中 S 是形状的有限集合；L 是符号的有限集合；R 是规则的有限集合，规则的形式为：$\alpha \rightarrow \beta$；I 是初始形状，形状文法产生的形状都应是通过形状规则由初始形状派生出来的。

（二）形状文法设计的概念

形状文法产生后，最早运用于建筑领域。例如，在 1978 年，乔治·斯蒂尼教授和米特海尔教授使用形状文法建立了适用于帕拉第奥别墅平面的语言规则，并转化为可以用计算机程序实现的具体方法，印证了形状文法的实用性，给出了帕拉第奥建筑的相似特征。由于计算机辅助设计技术的推广应用，形状文法所具有的优点如节省人力、缩短设计周期、产生系列化方案，特别是它能很好地传承文脉、使设计内涵在新环境下得以保存和发展，受到了设计界的高度重视，形状文法的应用范围也逐渐扩展到工业设计领域。

一般而言，运用形状文法进行产品造型设计的过程可总结为以下几步。

（1）确定基本形状。通过对以往产品形态的分析，提取出具有代表性的基本特征，将其作为衍生新设计的基础。

（2）总结形状的变化规则。形状变化规则受外部因素影响比较大，种类也较多，主要是通过总结以往产品的代际变换的规律获得相应的规则，此外，还应考虑社会风尚、消费者审美心理等因素带来的创新变化，建立规则与感性意象之间的联系。

（3）确立空间约束关系。产品外形往往受到结构、加工工艺、人机工程学等条件的限制，因此应根据这些限制条件确定空间的约束关系。

（4）根据以上三点并结合具体设计要求，产生新的产品形态。

尤其需要把握形状规则运用的"度"：变化程度不够会导致产品形态老旧，缺乏新鲜感；变化程度过度也会造成产品脱离既有品牌的形象，不被消费者认可。

（三）形状文法设计的方法

本文以美国卡内基梅隆大学麦科马克教授和乔纳森·卡根教授运用形状文法对别克汽车前脸造型进行的设计为例，进一步说明形状文法在工业设计中的应用步骤（见图7-50）。

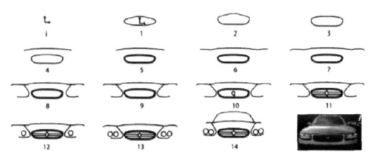

图7-50　别克车前脸的基本形态特征

首先，通过对别克汽车 1939 年以来系列产品族的分析，将汽车前脸的造型要素分为六个部分：挡泥板、两侧引擎盖、中部引擎盖、大灯与引擎盖接缝线、进气格栅和标志，并进一步提取出了别克汽车前脸的基本形态特征。

然后通过对产品族发展历史进行梳理，总结出了别克汽车前脸造型的形状规则共 63 条，并且所有形状规则可以分为两大类：生成性规则和修改性规则。

生成性规则，是指依据基本形态特征从无到有地产生一个造型。修改性规则，是指造型产生后，对其进行拉伸、缩放、平移、错切、变形等修改的规则，目的在于在原有基础上衍生出新造型、满足新要求。这些变化的规律由许多具体因素决定，包括经济、社会、市场、审美心理等。

由以上步骤可以看出，形状文法设计运用的关键在于形状规则，特别是修改性规则，需要结合厂商具体要求、市场需求、时尚潮流、对消费者审美心理的分析等，方能产生满意的、成功的形态，同时符合既有品牌的特征。形状文法设计运用于工业设计之后的优势是不言而喻的，它可以有效继承和发展某一品牌产品的独特形态与风格意象，从而帮助企业确立品牌形象，培养消费者忠诚度。此外，形状文法设计能在较短的周期内迅速生成一系列具有家族面孔的系列产品方案，极大地节省了设计者的时间和精力。根据各方面的评价，运用于工业设计的形状文法设计有以下意义。

（1）对某一类产品造型的基本特征进行分类，划分了不同的产品风格。

（2）确定了一些规则和规范，可以作为判断某一产品是否具有某种产品风格的依据。

（3）确立了一种设计机制和流程，用来开发具有特定造型风格和意象的产品。

（4）用于审美变迁和产品历史研究。

7.3
设计实践

7.3.1　按摩垫产品设计项目任务分析

项目组通过多渠道调研按摩垫产品，分析年轻消费人群的消费行为。从时尚、个性化特点出发，以人体工程学为原理，分析身体重点区域不同的按摩需求，提炼设计需求点，从产品造型、功能细节、材质、色彩方面寻求新的突破，避免产品同质化，从而研发适合年轻消费者的按摩垫产品。

根据项目组讨论结果，本项目设计主要考虑以下几点设计要求。

（1）产品造型与体验：产品需要具有愉悦的造型视觉与使用体验，考虑到人的心理感受和生理舒适，反映出实用性、时尚性、情感性、舒适性等的多方面的统一。

（2）产品功能：物与人之间的沟通是通过物的功能及形态来传达的。产品需要优雅地传达按摩的功能感，体现人性化细节。

（3）产品内涵：通过产品语意表达产品功能、情感体验等内涵，按摩垫产品趋向于家居化，产品与家居环境要相适应，相得益彰。

7.3.2　按摩垫产品设计市场调研

按摩垫作为健康保健产品，年轻消费者对其认知度并不高，消费者需求与产品设计如何相匹配，如何挖掘消费者的潜在需求，就应深入研究按摩垫的消费市场、目标消费人群的社会环境、生活态度、审美情趣及时尚追求。本项目中从产品调研、用户调研、使用环境调研等三个方面进行深入调查与分析。

（一）产品调研

产品的市场调研是一项系统性的任务，在本项目中产品目标较为明确，消费者目标也明确，故市场调研只是完成常规的产品调研，调研主要内容为销售终端调研、品牌调研、产品造型调研和产品材质调研。

1. 销售终端调研

调研内容分销售卖场体验、网络购物平台资料收集等，挖掘产品销售机会与突破点。研究小组通过深圳、长沙、南宁、北海、北京等地接近30多个卖场，调查产品品牌22个，调查产品型号大约120款，按摩垫销售终端卖场调研，选择卖场有家乐福、大润发、沃尔玛等大型超市，主要调查内容包括按摩垫品牌、功能、造型、色彩、材质搭配、使用人群、使用方式及问题点等（见图7-51）。

网络购物平台资料收集主要调查热销品牌，热销产品特点，用户评价等方面，弥补实地调查不全面的不足，而且该项目定位面向网络购物平台，因此网络购物平台调研是必要的。网络购物平台调研主要有京东商城、卓越购物网、天猫商城、淘宝网等年轻用户主流购物网，搜集按摩垫热卖品牌、型号的用户满意度信息（见图7-52）。

图7-51　卖场实地调研

图7-52　网络购物调研

2. 按摩垫品牌分析

品牌分析应用感性意象尺度分析法，该方法将多个典型产品或品牌罗列在一起对比分析，从而更加清晰地认知产品或品牌属性特征，该方法基于语义差异法的基础上。该分析图主要由两个方向坐标轴组成，分别描述产品的两个属性。通常用垂直轴表示价值属性，水平轴依据产品特性而定，两个方向坐标轴两端以反义词词汇描述其造型、颜色、材质、纹理等综合心理感受。

通过对国际上典型成功产品案例的分析，观察出几乎所有这些产品的定位图（分别以造型和技术为纵横坐标值）时，发现其最佳位置通常位于纵横坐标值最大化的右上角。从图7-53中可以看出位于坐标右上角品牌为索弗、凯仕乐、东方神，品牌性、时尚性俱佳，荣泰在高端按摩椅中注重品质和品牌，但在大众化的按摩垫中却是比较保守，本项目重点考虑产品的时尚性，故在后续的产品设计参考品牌主要是索弗，主要参考产品造型特征，包括色彩搭配、面料材料、造型风格等因素。

图7-53　各品牌按摩垫意象分析图

3. 按摩垫造型分析

产品造型调研是产品调研内容的重要部分，在项目中产品造型是重点考虑因素，调研内容主要是收集市场上的典型产品，按照意象尺度分析法对产品造型属性进行分类，找到要参考的产品进行细致研究。

市场按摩垫以时尚、简约风格为主流，体积轻薄，色彩材质搭配以简洁明快为主。

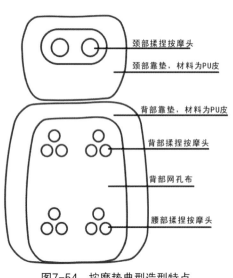

图7-54　按摩垫典型造型特点

4. 按摩垫典型的造型特点

市场上典型的按摩垫产品以圆润造型为主，是项目设计的重点；材质搭配以 PU 皮 + 网眼布，色彩摆脱黑色，清新、年轻、时尚是主要考虑的方向（见图 7-54）。

5. 按摩垫分类

三种类型按摩垫优、缺点分析，为后续按摩垫设计提供分析依据（见图 7-55）。

（1）一体式：造型风格简约流畅，但不能调节高度。

（2）分离式：颈部按摩器可分离做单独按摩器，但组合起来容易脱落。

（3）升降式：颈部按摩器可前后俯仰、上

一体式　　　　　　　　分离式　　　　　　　　升降式
简约流畅　　　　　　　颈部按摩器可分离　　　头部按摩器可升降一定的
　　　　　　　　　　　　　　　　　　　　　　高度,也可旋转一定的角度

图7-55　按摩垫分类

下升降调节，更具人性化。

6. 按摩垫材质调研

按摩垫外罩布料是直接接触用户，是用户舒适体验的第一步，因此布料的舒适性、手感、质感、色彩搭配都是要考虑的因素。材质风格定位趋向于家居化，与家居沙发、座椅较为类似。材料心理感受关键词：温馨、舒适、时尚等。按摩垫材质风格调研主要参考沙发、座椅等产品，及有质感的皮革纹理、多彩的色彩搭配。

按摩垫主要材料：内部支撑框架是记忆海绵，外部材料是PU皮和网眼布。

7. 按摩垫产品调研总结

经调查分析，年轻人群趋向于在实体店体验，在网上购物这一消费模式。消费者对按摩垫产品的时尚感、舒适性、精致感、人性化细节比较看重，因此产品的色彩搭配、材质搭配，布料品质、身体触感是重点考虑的因素。

（二）用户调研

1. 用户界定

在产品设计中关注用户的使用感受，研究用户的各种需求，不断进行各种有意义的改进。

项目用户定位：25～35岁年轻用户，主要面向80后用户，在职业上有如下工作性质。

（1）经常以固定的姿势处理家务的家庭主妇。

（2）随着工作、娱乐、购物的网络化，长时间使用电脑导致颈椎酸痛、腰酸背疼等身体不适症状的年轻人越来越多，如白领一族、IT工作人员等。

（3）工作状态中经常对颈部、肩部、腰部造成劳损和酸痛的职业，如司机、公司检测人员、缝纫员工等。

用户消费价值并不是固定不变的，用户的消费行为是叠加的，是多元的，是随环境、心情、经济能力而变化的。影响年轻用户消费行为的原因主要包括外部环境和内在因素。外部环境主要包括社会文化、社会热点事件、家庭经济能力、周围群体等；内在因素包括个性与自我概念、生活形态、情绪与态度等。年轻时尚用户消费趋势：在享受生活中趋于简约，在追求实惠中保持品质，在多元选择中理性消费。

80后年轻用户相关产品属性流行词语提炼：年轻的、时尚化、色彩缤纷、个性、便携的、活泼的、圆润的。

2. 用户需求分析

产品需求主要来自用户需求。提取用户需求的主要方式有用户访谈、用户观察、问卷调查、焦点小组、用户体验等，并对由此得到的信息与数据进行处理与分析，从中提取出初步的用户需求文档，显然这些需求是不够的，这些仅仅是用户在使用现有产品的基础上的反馈。此外，设计师可以利用用户研究阶段所生成的人物角色这个工具，并放置于具体的场景中，从而挖掘用户可能的潜在需求。

需求定义主要是针对用户、商业机会点和技术需求进行定义的。在本项目中用户需求定义：年轻的亚健康用户群体保健、按摩需求，这类人群对按摩保健产品的需求是希望能快速体验舒适的效果。亚健康人群分布比较广泛，企事业单位的工作人员、公司白领、科技工作者、IT 人士以及企业家等是亚健康的高发人群。

据不完全调查，长期在电脑前久坐不动的人，超过 80% 的人颈部、肩部、腰部感觉不适，发病率高，不正确的坐姿，长期紧张的肌肉带来身体肌肉的损伤，从而导致生活与工作效率下降。这些亚健康人群大多都没有时间去医院，有些人会偶尔做做按摩，但成本较高，对大多数年轻人而言，现实意义不大，亚健康人群的猛增使医疗保健产品的需求量急剧增长，具有保健功能、辅助治疗的家用医疗产品容易受到年轻人的欢迎。用户健康需求分析如图 7-56 所示。

图7-56　用户健康需求

（三）使用环境调研

产品要融入环境中，产品与环境相协调，才能发挥产品整体属性最大效率化。

家庭环境：客厅沙发，供家庭成员使用，时尚性、个性化要求较高。

车载环境：汽车座椅，为驾驶员缓解疲劳使用，个性化，便利性要求较高。

办公环境：办公室休息区，供员工缓解疲劳使用，使用人次较多，耐用性，便利性要求较高。

（四）按摩垫市场调研总结

在按摩垫产品调研与分析、年轻用户生活习惯调研与分析、产品使用环境调研的基础上，项目小组整理前面调研的资料，总结并结合当前的流行元素，从实用性角度、产品时尚感、使用舒适性、产品附加功能等方面提炼产品的创意点，为后面的草图设计阶段提供创意来源。

经项目组讨论，按摩垫设计定位按照如下方向发展。

（1）突出舒适性体验，造型要符合人体曲线，有机饱满形态、情感化设计是发展方向。

（2）突出健康生活理念，按摩功能要到位，可根据人体尺寸调整按摩点。

（3）突出差异化概念，简洁的线面分割设计，清新、时尚色彩搭配。

7.3.3　按摩部位舒适性分析

本项目通过分析人体颈部、背部、腰部重点按摩穴位舒适性的要求（主要体现在按摩功能带给使用者的按摩感受，按摩舒适性主要考量的因素为按摩强度、按摩穴位、人性化细节）为后续的设计提供分析基础。

在本项目中按摩垫以电动机驱动（主要由电动机、弹簧轴、弹簧、偏心轮和按摩头组成）。电动机主轴的转动通过联轴弹簧传到偏心轮上，偏心轮的作用是把电动机的旋转运动转化为往复运动，并把往复运动传给按摩头。按摩头的振动直接受偏心轮的影响，所以按摩头的振动频率值就是电动机的转速值，改变电动机的转速即可调节按摩力的强弱。按摩头模拟人的按摩手法，如按压法、揉捏法、推拿法，敲打法等常规按摩手法达到按摩的效果，改变转速大小调整按摩强度，改变按摩头转动方向可调整按摩舒适度。腰部按摩部位舒适性分析（剖面图）如图 7-57 所示。

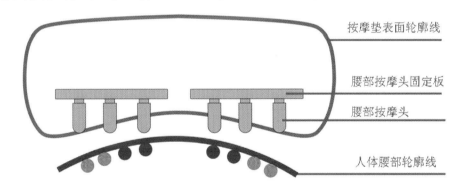

按摩垫表面轮廓线

腰部按摩头固定板

腰部按摩头

人体腰部轮廓线

图7-57　腰部按摩部位舒适性分析（剖面图）

红色外侧、蓝色内侧小圆代表腰部按摩穴位，目前按摩垫能按摩到的穴位是中间圆圈区域，两侧圆圈区域几乎按摩不到。因为按摩头是水平放置，与人体腰部轮廓线不匹配，导致按摩穴位不到位。

经多次测试，腰部按摩组件与垂线夹角（θ）为 5°~8° 较为合适；并增加弹簧，增加缓冲，增加人机适用率，扩大适用范围（见图 7-58 和图 7-59）。

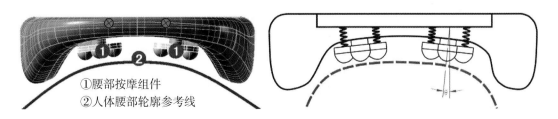

①腰部按摩组件
②人体腰部轮廓参考线

图7-58　按摩垫腰部按摩组件结构创新说明图1　　**图7-59　按摩垫腰部按摩组件结构创新说明图2**

7.3.4　草图发散设计

　　草图是设计师表达设计理念的方式，草图可以是涂鸦，也可以是较为华丽的手绘效果图，一般认为草图是未经深入分析的设计方案。草图具有自由、快速、概括、简练的特点。设计师利用草图能够最大限度地捕捉脑海中的灵感，将"灵感"记录下来，有了最初的"灵感"，然后快速对局部进行推敲、完善，以及多个方案的对比，从而得到理想的设计方案。

　　草图设计过程是概念发散与提炼的过程，根据前面调研的内容，针对年轻用户的特征，结合按摩舒适性的要求，提炼得出四个设计方向（见图7-60）。具体的设计草图根据设计方向而展开。

　　时尚科技　　　　　人机舒适　　　　　　　运动活力　　　　　　清新自然

图7-60　草图设计方向

　　方向一：时尚科技。

　　时尚科技方向流行元素如图7-61所示。

　　风格：科技感、酷感、时尚感。

　　形体：流线型、折线、强壮的肌肉感。

　　色彩：深红色、金色、皮质黄、电镀色、深灰色、浅灰色，黑色。

　　材质：皮革、PU皮为主，布料。

　　点缀手法：PU皮铭牌。

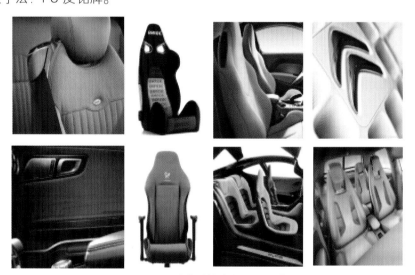

图7-61　时尚科技方向流行元素

　　方案 A：

　　设计在于强化产品的科技与肌肉感，粗壮的线条有利于表达产品的力量感与价值感，与现有产品相比，更具有特点与使用的新体验（见图7-62）。

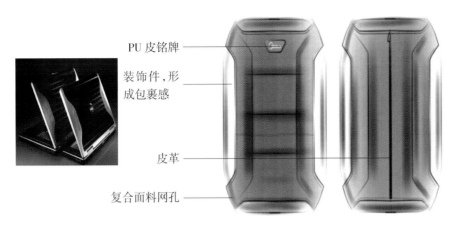

PU 皮铭牌

装饰件, 形
成包裹感

皮革

复合面料网孔

图7-62 时尚科技方案A设计草图

方案 B:

设计在于强化产品的科技与肌肉感, 两侧的凸起形成了环绕感, 对使用者进行局部包裹, 相比传统的 199 元 + 级别的产品, 具有更丰富的体验与质感 (见图 7-63)。

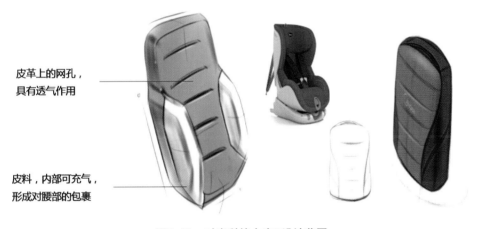

皮革上的网孔,
具有透气作用

皮料, 内部可充气,
形成对腰部的包裹

图7-63 时尚科技方案B设计草图

方向二: 人机舒适。

人机舒适方向流行元素如图 7-64 所示。

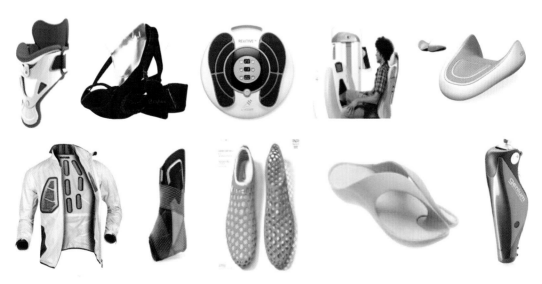

图7-64 人机舒适方向流行元素

风格：功能感、舒适感。

形体：符合人体曲线的有机曲面，包裹，缠绕的形态，交叉的形体与线条。

色彩：深红色、绿色、白色、深灰色、浅灰色、黑色。

材质：软胶、皮革、PU 皮、网孔布料、弹性复合布料、塑胶吸塑。

点缀手法：丝印、滴胶、绣字。

方案：

贴合人体背部结构的曲面设计，腰部及颈部的突出式皮革材料给人一种被包裹的感觉，饱满的使用感觉让用户感到更加贴心舒适。整体的流线型线条，不仅符合人体结构的需求，同时在视觉上给人一种柔美的感觉。亮点更在于尾部的突出式设计可以与座椅或沙发相契合，以起到固定的作用，同时也符合整体的线条走势（见图 7-65）。

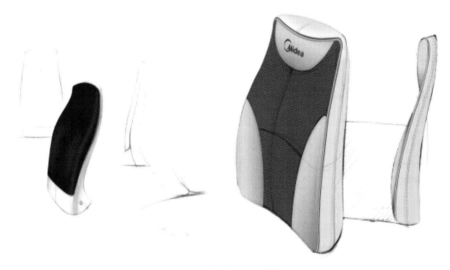

图7-65　人机舒适设计草图

方向三：运动活力。

运动活力方向流行元素如图 7-66 所示。

风格：动感、张力，激情活力。

形体：曲线，局部分割。

色彩：大面积色彩搭配融合，更显张力；色彩为高明度、低纯度，如明黄、嫩绿、浅蓝色、橘黄色。

材质：布艺、皮革、PU 皮。

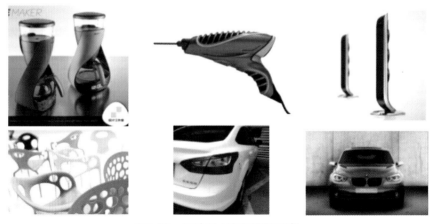

图7-66　运动活力方向流行元素

方案：

整体偏向一种酷酷的运动风，利用蓝色皮革压住橙色边，使这款按摩垫在它冷峻的外表下有靓丽的橙色动势（见图7-67）。

方向四：清新自然。

清新自然方向流行元素如图7-68所示。

风格：家居感、淡雅、清新、活泼、趣味。

形体：饱满、整体、曲线、柔和。

色彩：大面积色彩搭配融合，更显时尚魅力；色彩为高明度、低纯度，如明黄、嫩绿、浅蓝色、橘黄色。

材质：布艺、皮革。

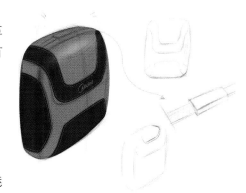

图7-67　运动活力设计草图

图7-68　清新自然方向流行元素

方案A：

整体倾向于一种简洁的形态，却也不失舒适度以及美感，整体饱满的线条家居感极强，正面花纹和形体做了更丰富的变化（见图7-69）。

正面的环状波纹形成一种装饰感，有按摩的寓意

把手，产品便携，在形体上起到丰富形态的作用

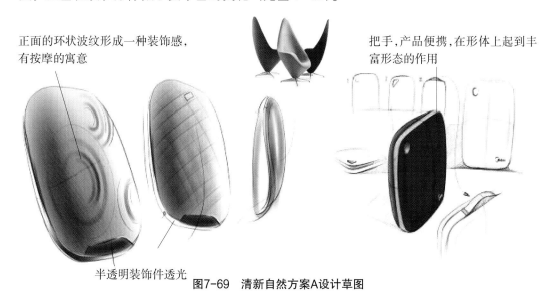

半透明装饰件透光　　图7-69　清新自然方案A设计草图

方案 B：

产品比较轻便，有一种小巧抱枕的感觉，突出产品便携，温馨的风格，中间厚四周薄，从视觉上来看产品非常轻巧，给人一种很强烈的家居感（见图 7-70）。

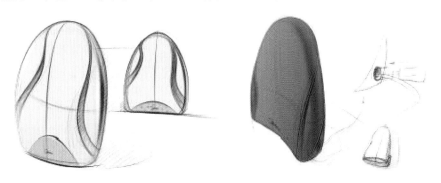

图7-70 清新自然方案B设计草图

7.3.5 草图分析与评估

草图设计方向发散，思维开放，尽可能挖掘更多设计创意点，为按摩垫设计寻求更多的可能和附加值。故在此阶段没有特别强调按摩垫的类型。项目组对草图设计方案四个方向进行了分析和评估，每个设计方向集中提炼有价值的方案深入下去，为下一阶段的效果图做铺垫。

草图评估如下：

（1）时尚科技方向：造型突破不大，保留科技感，增加附加功能。

（2）人机舒适方向：包裹造型语言值得深入，功能区域突出作为亮点，后续功能设计要结合按摩舒适性要求、材质搭配和色彩搭配做进一步的探讨。

（3）运动活力方向：通过局部的线面分割营造动感和功能区域划分值得尝试，造型较为传统，可结合材质、色彩搭配做更大的突破。

（4）清新自然方向：创意亮点多，功能设计和造型设计不够成熟。

7.3.6 方案与效果图设计

效果图设计方案阶段在原来草图方案基础上强调人体的曲线形态，突出材质搭配的效果，增加产品家居化和亲和力、人性化体验等因素，并延伸出其他概念设计方案。

方案一：

侧面亮面装饰件，形成包裹感，让产品显得更薄；鹅卵石般的环绕与包围感，柔和、温馨（见图 7-71）。

方案二：

圆润温和造型符合人体曲线，线条柔和，突出生活化的产品风格，增加产品的亲和力，曲面分割突出运动感（见图 7-72）。

方案三：

两边的臂膀形成仿生感的一种拥抱的造型语言；侧面亮面装饰件，形成包裹感，让产品显得更薄（见图 7-73）。

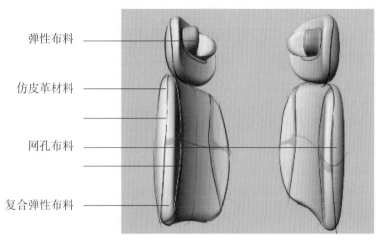

弹性布料

仿皮革材料

网孔布料

复合弹性布料

图7-71　方案一设计效果图

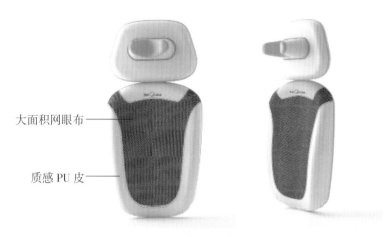

大面积网眼布

质感 PU 皮

图7-72　方案二设计效果图

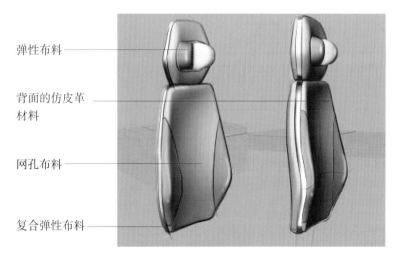

弹性布料

背面的仿皮革
材料

网孔布料

复合弹性布料

图7-73　方案三设计效果图

方案四：

弹性复合布料，缝制出凹凸形状出来，比起网孔布来，透气性略差，但质感柔和。借用贝壳的形状和寓意，侧面也采用贝壳的面，侧面形体显得更薄（见图 7-74）。

效果图设计阶段对草图设计方向进行收敛，针对有价值的设计创意点进行深入的分析，全面分析方案的可行性，包括产品时尚感、产品风格、舒适性、差异性、体验性、

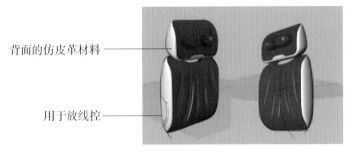

背面的仿皮革材料

用于放线控

图7-74 方案四设计效果图

生产可行性、生产成本等方面的因素。在效果图设计方案评估企业有一定的评价标准，个人经验评价 + 量化评估相结合的方式比较常见。效果图方案评估见表 7-1。

表7-1 效果图方案评估

	时尚感	产品风格	舒适性	差异性	体验性	生产可行性	生产成本
方案一	好	圆润	好	好	较好	好	较高
方案二	好	动感	好	较好	较好	好	中
方案三	较差	硬朗	较好	差	较好	好	中
方案四	较好	圆润	好	较差	较好	好	中

（1）各方案深入评估意见：

方案一：肯定包裹造型语言，鹅卵石概念突出，但前面网眼布面积过大，没有特色和没有区域分割。

方案二：圆润造型具亲和力，线面分割的运动感较强，可深入下去。

方案三：两侧翅膀的仿生语言差异化，整体造型稍硬朗，主体线面分割没突出亮点。

方案四：贝壳元素应用创新，造型风格有待深入研究。

方案一造型风格与方案二运动感分割相结合为最终的方案。

（2）评估细节调整内容：

① 颈部按摩器的外罩软布需要调整，颈部按摩器应能调节上下高度和调节前后俯仰角度。

② 主体网眼布与 PU 皮色彩搭配凸现年轻感、时尚感。

③ 整体风格要轻巧、亲和。

7.3.7 最终方案效果图

效果图设计在原来草图方案基础上强调人体背部曲线形态，通过材质搭配、色彩搭配突出年轻化、时尚化，突出与传统按摩垫的差异化，并改善腰部按摩结构，贴合人体腰部曲线，增加按摩的舒适性，体现产品的人文关怀。在功能方面，兼顾背部按摩区域和不同人群的需要，颈部按摩器可上下升降和前后旋转调节，拓展使用范围（见图7-75 至图 7-79）。

产品色彩搭配有以下几个原则。

（1）统一性原则，以一色为主色调，其他颜色为辅助颜色，容易达到醒目的效果，若色彩较多，就显得没有主次之分，容易产生杂乱感。

图7-75 按摩垫最终方案效果图（正面）

图7-76 按摩垫最终方案效果图（透视）

图7-77 按摩垫颈部按摩器升降状态

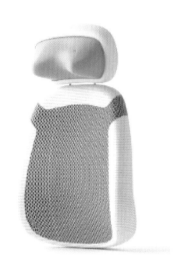

图7-78 按摩垫颈部按摩器俯仰状态

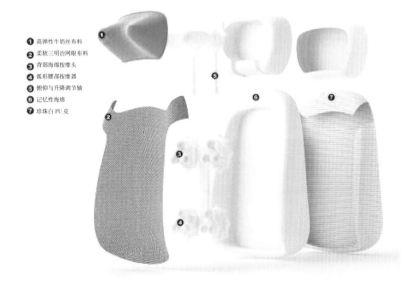

1 高弹性牛奶丝布料
2 柔软三明治网眼布料
3 背部海绵按摩头
4 弧形腰部按摩器
5 俯仰与升降调节轴
6 记忆性海绵
7 珍珠白 PU 皮

图7-79 按摩垫最终方案效果图（爆炸图）

（2）对比性原则，对比性原则应用的前提在主色调的情况下，应用多个色彩进行对比，达到效果突出。

（3）功能性原则，这是色彩语言的应用，通过色彩划分和指示功能区域。

另外，产品色彩的多样性具有低成本、高附加值的功效。据国际流行色协会调查数据表明：在成本不变的基础上，通过调整产品色彩搭配，可以给产品带来10%～25%的附加值。很多精品饰品给人最直观的感受是绚丽多彩的色彩，在造型趋同情况下，色彩的多样性加大了消费者选择的空间，提升了产品的附加价值。基于色彩的功能语义和产品实际功能区域的考虑，按摩垫大胆采用米白色PU皮和青蓝色网眼布、紫色网眼布、深灰色网眼布搭配，突破传统按摩垫黑、红色搭配的沉闷、老气的色彩感觉。按摩垫效果图有多种色彩方案可选择，多系列色彩搭配参考色彩形象坐标的形象尺度定位，考虑产品色彩设计的统一性、对比性原则，满足多类年轻时尚人群的需求。色彩比例达到70%～80%，给人色彩强烈的视觉感受，干脆而直接（见图7-80）。

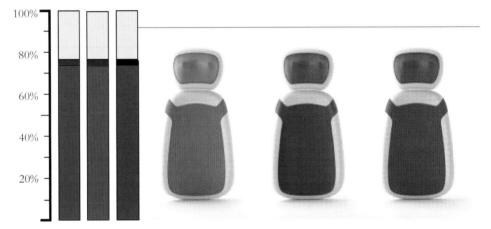

图7-80　按摩垫色彩设计

第 **8** 章

感性工学
理论与设计方法

★**教学目标**

通过对感性工学的本质、内涵、类型和特征等基本知识点的介绍，对感性工学的研究方法及基于感性工学的产品设计理论的重点讲述，结合具体的案例分析和实践让读者意识到感性工学在产品设计中的重要性，建构起人的感官、情感与产品设计之间的本质性关联，掌握利用数据分析人与产品的感性特质，掌握感性工学应用于产品设计的方法，并将其原理应用于产品设计过程中，更好地为产品设计服务。

★**教学重、难点**

本章重点是讲述感性工学的研究方法及感性工学应用于产品设计的方法；感性工学理论是偏向理性的数据性理论，而从事产品设计的人员更多偏向感性思维，如何将两者进行有效统一，是本章的难点。

★**实训课题**

以手机为研究对象（小米、苹果、华为、OPPO），利用感性工学的方法分析该手机品牌的感性意象，并分析感性意象与手机形态之间的关联性。

8.1
感性工学概况

随着体验经济和审美经济的到来，消费者对产品的审美和个性要求越来越高，对产品的情感需求与表达不断扩大，以用户为中心，研究消费者的视觉、触觉、心理等情感已经成为产品开发设计的重要课题。随着消费理念的改变，设计师在进行产品设计的过程中不仅仅除了提供一种具有完美的物化与功能形式的产品给用户之外，更需要考虑到用户对产品的感受、体验等情感意象，也就是产品满足用户感性层面的需求成为产品设计过程中的另一设计目标。众所周知，设计技术主要来自于理性，而人与生俱来不可避免的具备感性的特质，人的心理是一个感性和理性交织的综合体，因此，设计学科同其他创造性学科一样，具有众多的不确定性因素，很难达到统一的理性标准。如何将设计技术中的理性因素和人的情感因素结合起来充分融合并加以发展？感性工学应运而生，其强调以消费者为中心的设计原则，是将消费者的感觉转化为设计语言的重要技术。感性工学交叉融合了设计学、统计学、心理学、数学等多学科知识，也正是多学科的统合为感性工学的出现和发展提供了广阔的舞台。日本是感性工学的诞生地。20世纪90年代，在特有的社会和文化背景下，日本的高校、企业和研究机构对感性工学进行了研究，它们逐步成为研究和应用感性工学理论的主力军。随着感性工学研究的深入和推广，英国、美国等国家的研究者也参与感性工学的研究。时至今日，感性工学已经得到了广泛的应用和发展，成为一种的新的产品设计研究和开发的方法，并引起了学术界的广泛关注，产业界也通过与学术界的深入合作，努力将感性工学的相关研究成果投入产品设计中。在本章的学习过程中，我们主要学习感性工学作为一种产品设计的方法是如何指导设计师完成相关设计的。

（一）感性的含义

为搞清感性的含义和本质，我们从以下几个方面对感性一词进行解释。

《现代汉语词典》将"感性"一词解释为"指属于感觉、知觉等心理活动的（跟

'理性'相对)"。"感性"是以意识为基础，是从人的认知角度进行解释的，感性是认识的初级阶段，是感受和印象阶段，而理性则是人在认识的过程中的推理判断过程，是感性阶段的升华。

从专业术语的来源来看，"感性"一词来源于日本，是明治时代的思想家西周在介绍欧洲哲学过程中所造的一系列用语之一，如"哲学""主观""客观""感性""悟性"等。在日本，"感性"一词是对两个外来词的翻译：一是英语 sensibility，是一个心理学用语，内容倾向于美学与情感方面，原意为感觉力、感受力、感情、敏感性与鉴赏力，西周将其翻译为感性；另一个来源于德文 sinnlichkeit，是哲学用语，意为官感、感性、实体、现实感、感性事物、性感等。根据康德将传统理性，即人的认知分为感性、知性和理性三种，感性是思维运动的第一个形式，是事物纯粹表现出来的表象。天野贞祐在 1921 年翻译康德的《纯粹理性批判》时将其翻译为"感性"。新村出、新村猛在出版《广辞苑》中将"感性"词汇释义的解释为：感觉能力，直观力和感受性，是人感受事物的能力，即在人遭到外部因素刺激时自身所出现的最为直观的情感冲动和诉求。日本学者长町三生在定义"感性"概念中是这样描述的：感性是人受到外部的刺激之后，生理和心理传递信息所对应的流程。

近年来，感性一词在日本广泛应用，它包含着多层含义。一方面，感性既是一个静止的概念，是指人的感情，获得的某种印象；另一方面，感性又是一个动态的过程，是一个人的认知心理过程，是对事物未知的、多义的、不明确的信息从直觉到判断的过程。日本心理学家饭田建夫运用人对物的反应流程将感性的动态过程进行了定义。他用人们看见一朵红色蔷薇花（图 8-1）时的反应流程来说明感性这一概念。

图8-1 红色蔷薇花

第一步骤：花朵本身所具有的物理特性（波长650 nm 左右的红色可见光）经过媒介向外传递，其中一部分进入人类的感觉器官——眼睛。

第二步骤：经过视网膜与接受光刺激的视觉细胞，人类收到视觉上的刺激情报。

第三步骤：这些情报信息随即传递至大脑，并产生"是红色的，整体是圆的"等色彩和形状上的感觉。

第四步骤：这些感觉情报与在之前的学习或经验中所积累的知识相互对照后，认知、认识它是"红色的蔷薇花"。

第五步骤：在认知、认识的同时，对蔷薇花或是伴随它的意象等特征，衍生出如漂亮、热情、喜欢、感动等心理反应。

第六步骤：将发生在内心中的感性、感动等，利用言语、表情或是行动表达出来。

因而我们可知，在这一过程中，第三步骤至第四步骤是引起感性的基础，对感性的产生具有辅助作用，第五步骤至第六步骤是在人们认知和认识对象后所产生的心理反应与表现，属于感性的主要范围。

综合上述分析与阐述，感性是指认识主体"人"在运用所有的感觉器官（视觉、听觉、触觉、嗅觉、味觉及认知）认识"事物"的过程中，对外界事物、周围环境以及状态进行感知后，在内心所形成的特有的感觉和意象。因此，感性具有以下本质特征。

（1）感性是人对事物的主观印象。

（2）感性是人对事物的综合表达。

（3）感性具有综合性和不确定性。

（二）产品设计中的感性

1. 产品设计中的感性

对产品而言，其造型往往能带给人一种内心的感受，产品设计中的感性就是指认知主体"人"运用所有的感觉器官（视觉、听觉、触觉、嗅觉、味觉及认知）对产品的形状、色彩、材质、功能、使用性等所产生的综合性感觉或意象评价，进而激发用户的心理预期，对产品的隐喻联想、使用情境想象以及美好的用户体验，用户在使用过程中获得的关于"感性"的成分与产品的附加价值为正关联。人们往往会用一些高度主观性的形容词来表达自己对产品的感性认知，这些形容词称为感性词汇，这些感性词汇则可以按照产品的风格和人对产品的感觉、知觉两大类进行归纳分类，如"圆润的""轻薄的"等词汇是表述人的直觉感受，"时尚的""古典的"则是对产品在时代和设计风格上的表述。所以通过对感性特征的了解，设计者就可以从各个方面考虑目标购买人群对产品的感性意向，从中找到消费者同产品之间的关联性，为产品的设计提供可靠的感性依据。

2. 感性设计

从理论上来讲，"感性设计"这一理论是在荷兰 Delft1999 年召开的主题为"设计与情感"国际工业设计会议上提出的，是设计界关于人类感性理论及相关学科研究的顺应时代发展的理论结果，是从最早的体质人类学、人因工程学和认知心理学到近些年发展起来的情感化设计、产品语义学及感性工学等学科建设共同研究发展的结果。

从时代发展过程来讲，感性设计的诞生受到人类的各种心理活动、生理需求、社会活动、经济等各种因素的影响。根据马斯洛的需求层次论，他把人的需求分为五个层次，从生理层次到自我实现层次，由低级向高级发展的特点，在这个过程中，人们对产品的需求就不仅限于使用功能上的，越来越多情感因素的加入，就使得对感性设计的需要越来越迫切。感性设计研究范畴包括：产品的感性特征；用户在产品使用上的情感需求；设计手段在构建产品和使用者关系时，研究如何控制使用者情感以及如何满足使用者心理需求；使用者使用产品时情感的影响；研究情感需求与各种因素之间的关系；在对产品的感性评价中运用感性因素的研究结果来指导设计；等等。

3. 情感化设计

情感化设计区别于一般设计的最重要的一点就是情感化设计中的感性因素，这种感性因素的运用在感性设计中占有重要的地位。在产品设计中，一点点情感因素的加入就可能会改变产品、品牌，甚至是公司的命运。产品的选择是用户群体选择决策的结果，传统产品的设计方法是考虑 80% 的用户的 80% 的使用习惯，但是随着对产品功能的问题解决，用户对产品的诉求重点从功能转移到情感认知与文化认知。著名的情感化设计之父，唐纳德·A·诺曼将设计过程中的目标分为三个层面：感官的、行为的和反思的。

在产品设计中，"情感化设计"就是设计师通过有目的、有意识的设计，使物品能够激发用户的某种情感，使用户产生相应的情绪。如图 8-2 所示阿莱西公司的女士头像红酒塞，传达给使用者的情感可以理解为：在日常生活中，女人在男人酗酒时会对其阻拦，因此用女管家的头像。又如图 8-3 所示的德国 Ronnefeldt 公司的茶壶 Tilting，产品本身就像是雕塑的艺术品。情感化设计的产品不一定是最实用的，但它们本身的意义能够激发人的情感，使人产生相应的情绪反应，进而提升产品给用户带来的情感化的体验，增加产品的附加价值。在情感设计中，产品的实用价值有时候并没有情感价值重要。

图8-2 阿莱西公司的女士头像红酒塞

图8-3 德国Ronnefeldt公司的茶壶Tilting

（三）感性工学的含义与本质

1. 感性工学的定义

感性工学最早称情绪工学，是在日本广岛大学长町三生教授于1970年提出的"情感工学"的基础上演变而来的，由日本马自达汽车集团前会长山本健一在1986年正式提出。在日本，感性工学又称感性工程学，是以人的感性为基础发展起来的一门设计工程技术科学，即将消费者对产品的感情和意象转换为设计元素的新产品开发技术，在这一过程中涉及心理学、统计学、工程学、艺术学、美学、信息学等多学科领域，可见，感性工学是以感性和工学为基础的多学科综合学科。从现有文献来看，对感性工学的定义主要来源于日本的研究学者（见表8-1）。

表8-1 学术界关于感性工学的定义

学者 / 团体	定义
长町三生	感性工学是将人们的愿望及感受，翻译成设计元素的物理量，进行具体的设计开发的技术
日本材料工学研究联络委员会	分析人类的感性，感性工学以产品生产的技术为基础，在商品特性中融入感性的元素
筱原昭	产品与心之间的交流，感性工学这门技术能支持人类幸福
永村宁一氏	感性创造新价值的前提是，能够客观而定量地测量和计算感性，客观定量的感性标记方法是保证有效的关键
日本文部科学省	为达成人类与人工环境的调和，以工学的角度研究人类的感性

综合上述学者和研究机构给出的定义，结合当前感性工学研究的国内外现状，感性工学属于工学研究的分支，是采用数理统计与分析的方法，将人对物的感觉进行量化，从中探索感性量与工学中物理量之间的关系，再将其运用于工程或设计开发。结合产品设计的特性，产品设计中的感性工学是一种以消费者感性需求为导向的产品开发技术，利用工学方法量化人的感性需求，并建立人的感性需求与产品要素之间的映射关系，从而指导产品设计以使得产品更好地满足消费者的需求。感性工学研究的目的在于：通过

市场调查及统计分析，确定哪种产品设计要素能引发用户某种特别的感性反应，将消费者对产品所产生的感性反应具象化并转化成为设计要素。感性反应包含视觉、听觉、味觉、嗅觉、触觉等。这些设计要素主要有形态、色彩和材质三种属性，因此感性工学主要的研究内容是形态、色彩、材质，以及三者综合对产品意象的影响。

2. 感性工学的本质

依据感性工学的定义及研究现状，感性工学将人的感性与产品设计中的感性和理性建立起了关联性，这其中包含了一系列人的感性与产品属性的转换技术。以感性工学为基础的产品设计本质表现在以下几点。

1）感性工学是一种产品设计的方法

感性工学作为一种产品设计的方法，主要体现在：感性评价与意象表达以及感性工学与计算机辅助设计技术和专家系统相结合对产品造型设计的指导作用。感性工学的产品设计方法的关键过程如下。

第一步，筛选出典型感性词汇与产品样本。

第二步，利用工学理性的方法将人的感性进行定量化。

第三步，通过统计分析与计算机技术，分析感性量与产品造型属性之间的数量关系。

第四步，通过分析与总结，研究设计要素与人感性之间的映射关系，作为产品概念设计的重要依据。

第五步，在第四步的基础深入细化设计出一种符合人的感性需求的产品。

第六步，对所做方案进行感性评价验证。

2）感性工学是一种研究产品的人机工程学

从人机工程学的发展历史、含义及其学科体系来看，人机工程学研究的主要是人的物质性需求，即产品对人的生理特征和心理特征的匹配，感性工学则是主要针对人们感知层次因素的探究，探讨产品属性与消费者心理感受间的匹配。从严格意义上来讲，感性工学是人机工程学的一个重要分支，感性工学侧重于消费者的心理需求和精神感受层面，是对人机工程学的丰富和完善，因此在进行人的感性表达研究上，感性工学可以借助人机工程的相关方法进行研究。

3）感性工学是一种评价方法

如前所述，感性工学是针对产品造型的感性评价。评价和分析工作是感性工作的重要工作之一。产品造型的感性表达是建立在人的感性评价基础上的。在感性工学的研究过程中，通过语义区分法、层次分析法、多元统计分析法、人工智能、神经网络等方法建构起产品造型的感性评价，而基于感性工学的产品设计方法是基于人的感性评价的基础上进行的，因此在感性工学的研究中，如何准确度量和评价多因素、复杂而带有不确定的人的感性，如何建立其感性评价与设计要素的映射关系是感性工学的关键所在。

4）感性工学是产品造型的情感与意象表达

感性工学运用现代工具和技术帮助消费者表达自己的感性，比如，用户对产品材质的感受，用户对形态的情感联想，汽车驾驶员对车内空间设计的感受等，从而帮助消费者表达他们对产品的需求。设计师也可以获取消费者对产品的感性评价，获得消费者对产品的潜在感受和需求。在此基础上，设计师可以针对不同消费者和消费群体的感性需求，设计出不同的产品造型。

3. 感性工学的分类

感性工学是将感性认识应用于工程设计的科学，其体系错综复杂，分类方式呈现多样性，其中较权威的是长町三生教授对感性工学的分类（见表 8-2）。

表8-2 感性工学的分类

感性工学	阶层类别分析法	树形结构
	感性工学系统	顺向推论式
		逆向推论式
	复合式感性工学系统	
	感性工学数学模型	数学模型
	虚拟感性工学系统	虚拟现实技术
	交互式感性工学系统	网络支持技术

1）阶层类别分析法

该方法类似于层次分析法，根据感性信息，从感性层面对产品概念进行感性分析和分类，逐此向下展开成树状结构，直至出现产品物理属性的细部设计阶层为止，通过该分析，建构产品的感性与设计要素之间的映射关系，并根据映射关系将设计要素应用到新产品设计中去。具体过程参见图8-4所示。日本马自达公司所开发的米亚塔车型便是运用本方法进行概念设计和造型设计的，具体过程如图8-5。

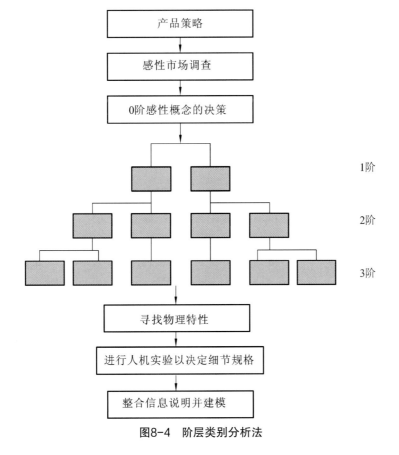

图8-4 阶层类别分析法

如图8-5所示"人车一体"这一概念就被作为0阶感性概念，然而这其中并没有任何与汽车有关的细节设计，如引擎、尺寸及内装设计等有关的信息，经过多层分级，具体到车身尺寸、座椅尺寸、内饰、把手等设计细节。比如说1阶感性词语"亲密感"，然而何为"亲密感"呢？对用户而言，"亲密感"所要表现的并不是大尺寸的高级轿车，也不是微型车，而是为了体现人与车体之间的亲密关系，其重视的是驾驶者贴身的

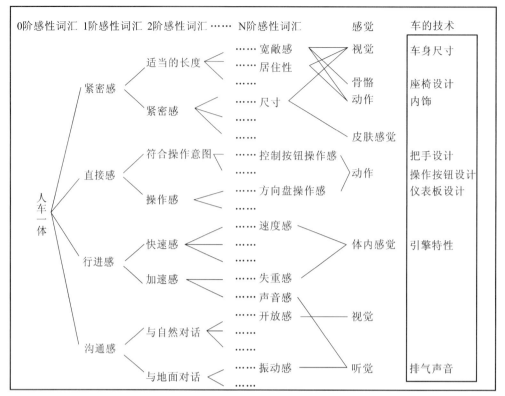

图8-5 马自达的感性树状分析图

感受，以及车体内部空间的大小适中，由此推论出的两个 2 阶感性词汇为"适当的长度"和"紧密感"，设计部门对此进行了感性工学实验。实验结果表明：大多数被试者都选择车长为 4 m 左右，车座数量为 2 张。最终推论得到车身长度 3.98 m 和座位有 2+2 个等设计细节上。同样的，另一个 1 阶感性词汇"直接感"，其主要表现是车能够按照驾驶者的意愿行驶，经过研究推导出"符合操作意图"和"操作感"这两项 2 阶感性词汇。经过 N 次层次分解和相关实验得到的结果是降低方向盘滑动间隙，排挡杆尺寸为长 9.5 cm，移动距离 4.5 cm 等细节设计。

2）感性工学系统

感性工学系统是一个联系人的感性意象与设计元素之间的专家系统，是一种计算机辅助设计系统，具有感性意象的信息资料库、设计元素知识系统和一个具有正确逻辑推理能力的专家系统，通过该系统即可完成感性意象与设计元素之间的转换工作，大大提高了设计效率。感性工学系统又可区分为"顺向型感性工学系统"和"逆向型感性工学系统"两大类，如图 8-6 所示。顺向型感性工学系统是将人的感性需求转化为产品设计元素，进行产品设计开发工作；逆向型感性工学系统则将设计师的设计提案进行感性评价，以检验设计提案是否符合设计师所期望的设计构想。

感性工学系统主要是利用计算机技术、人工智能、神经网络和模糊逻辑等方法建立相关的数据库和推理系统，其优点在于该系统是一个动态的学习系统，可以通过不断的学习和拓展实现系统数据库的更新，以捕捉动态的感性需求变化。通过这个系统，可以快速地感性意象生成设计方案，因此，该系统既可以作为设计师的辅助工具，也可以作为消费者选择产品时的参考。

3）复合感性工学系统

复合感性工学系统，是将顺向型及逆向型两种感性工学系统整合而成的一个可以双向转译的混合系统（见图 8-7）。在此系统中，除了传统意义上的由消费者进入感性工

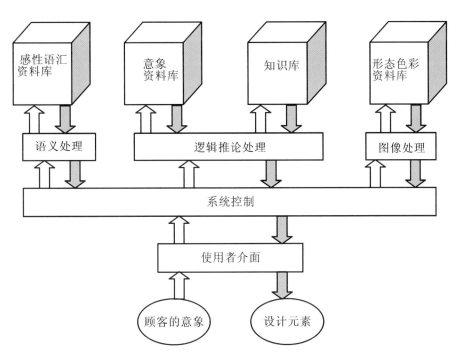

图8-6 感性工学系统

学系统，输入其所期望的感性语汇，计算机会通过检索、匹配及运算出符合消费者期望意象的产品方案，作为消费者在购买产品时的决策辅助；相反，设计师也可将设计图输入计算机，计算机将通过接口引擎连接系统中的各数据库，来比对设计师的感觉意象是否符合设计提案的要求，作为修正设计的参考依据。

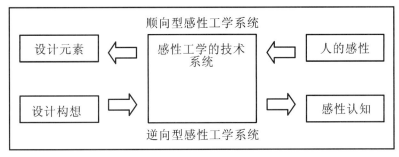

图8-7 复合感性工学系统

4）感性工学数学模型

感性工学数学模式，是利用数学运算建立起来的模拟系统。这套模式能够从感性词汇中得到人因的结果，是一个根据感性假设来处理感性并预测现象的数学结构的系统。建立的主要目的是寻找产品设计元素与感性信息的量化关系。在研究上，日本学者以"更美的脸"进行感性工学实验，项目组首先运用"以人们的感官理解为导向的图像处理"来发掘日本人所认为的"漂亮和健康的脸"的色调。50位被试者分别对24张皮肤色调轻微变化的人脸进行5分制的评价。接着，研究者对这些评价运用数量化一类方法进行分析，根据色调、饱和度、明度等进行归类，最终发现了有限范围内的一套色相、亮度和饱和度，可以激起人们对"美丽的复印"的感觉。最后，设计组运用三角模糊归属函数构建了一个由色相、亮度和饱和度组成的模型，并将此运用到彩色复印机的开发中。在使用过程中，此模型首先用三原色分析人脸色彩，然后用RGB系统处理这个数据，并最终打印出"更美的脸"。

5）模拟感性工学系统

模拟感性工学系统是一种高级计算机技术，是感性支援系统的一个扩展类型。模拟感性工学系统是感性工学计算机系统和虚拟显示系统的结合，它帮助用户在虚拟空间的体验中选择产品。模拟感性工学系统利用虚拟实境（VR）技术，将设计方案以各种模拟装置再现。为适应消费者的感性而在计算机内建构一个虚拟空间，提供消费者一个虚拟的 3D 空间，消费者可在此感性空间内体验在真实世界中无法得到的现实经历，以检验这个设计是否合适。正因为虚拟显示系统可帮助设计师在产品的正式制造之前建立感性空间，这个技术对房屋设计、汽车内部设计、城市景观设计和诸如湖泊、桥梁等大规模建设的景观设计都非常有用。

6）交互式感性工学

交互式感性工学设计也称为网络感性设计系统，是一种网络支持的感性工学系统。网络方便了用户和设计师的沟通，对由多个设计师进行的联合设计也非常有用。因为是一种网络支持的感性工学系统，交互式感性工学设计方便了产品研发前期阶段的调查研究工作，缩短和简化了这一过程。另外，设计师可运用对话功能，在显示器上互相看到对方工作的情况，并可随时更正设计。交互式感性工学设计有许多优势，就如长町三生教授所说：比如加深了设计师之间的合作，加快了产品研发速度，使产品制造商和用户之间的对话更为高效，较为方便地让不同方面的参与者加入设计研发的过程中来，极大地提高产品研发的效率，并且为更多的参与者提供丰富的灵感。

8.2 感性工学的研究方法

8.2.1 感性的测量方法

感性工学是从工程学角度以用户感性为方向的产品设计方法，感性的测量与感性的分析是感性工学用于产品设计的关键性工作。对于感性工学理论而言，感性的测量主要有两个目的：一是通过测量获得用户对产品的感性表现；二是将抽象的感性意象转译成可以处理的计算机数据。因此，从整个感性工学的流程来看，感性的测量是其一项重要的工作任务。随着生理学、心理学等学科的飞速发展，现在感性工学比较常用的感性测量方法分为生理测量和心理测量两种。受篇幅限制，在此对主要的测量方法仅做初步介绍，读者可根据实际情况对相关方法进一步深入学习。

（一）心理学测量

心理学测量是对感性进行量化的模糊性技术，主要是通过引导让被调查者把感性表达出来。方法是测试员对被调查者施加一定程度的刺激后，通过问卷调查、语言测量等方法来测量出被调查者感觉变化的一种方法。常见的方法有语言测量法、语义区分法、表情与行为观察法、联合分析法等方法。

1. 语言测量法

语言测量法是与测试者进行面谈或通过问卷调查进行语言和文字交流，让测试者将所测产品的感性用形容词表达出来，通过分析调查的结果来把握感性量。访谈法和问卷调查法是十分常见并且操作简单的语言测量法。其中问卷调查可分为纸质问卷调查和网络问卷调查两种。纸质问卷调查较为传统，如今网络问卷调查更为常用。网络问卷调查法最大特点就是节省时间和资源，能够极大地提高效率，并且不像纸质问卷那样受到时间、地点等因素的限制，如今已有学者系统地提出网络平台语言测量法。

2. 语义区分法

语义区分法是美国心理学家奥斯古德于1957年提出的研究人的心理意象的辅助工具，是问卷调查中常用的一种感性测量辅助方法。语义区分法以语义形容词为手段，以语义差异量尺为表现形式，通过尺度级别来测量感性量的方法。例如，为了测量汽车造型的感性意象，假定其中一组意象词汇为"细致与粗犷"，可将汽车样本给测试者观察，然后完成所设置的语义差异表，进而完成该样本的感性意象测量（见图8-8）。

	同意 左边的观点	比较同意 左边的观点	没有倾向	比较同意 右边的观点	同意 右边的观点	
细致的	□ −2	□ −1	□ 0	□ 1	□ 2	粗犷的

图8-8　语义差异尺度图

3. 表情与行为观察法

表情与行为观察法就是通过观察测试者在产品使用过程中的动作和表情，来测量用户潜在的需求，该方法能够有效掌握测试者真实却未意识到的"隐蔽需求"。主要方法是通过摄像机记录消费者在观察、选择和使用产品时的表情和行为，并进行深入的分析。设计师可以发现消费者喜欢哪些产品、被产品的哪些特征吸引，以及在使用产品过程中存在哪些问题、消费者是如何解决的；等等。通过这些观察，设计师往往能够得到宝贵的设计灵感，指导产品设计或改进。表情与行为观察法的实施虽然简单，却需要设计师具有敏锐的洞察力。长町三生教授的研发小组就运用这种方法对冰箱进行了改进设计，将冷冻室上移，结果取得了很好的反馈。

4. 联合分析法

联合分析法是1964年首次提出应用于心理学的数学测量方法，并在20世纪70年代被应用于产品研发领域。联合分析通过分析对比不同产品的产品属性，比如价格、颜色、品牌等，探讨影响消费者购买决策的产品因素，通过数学分析得出特定类群消费者偏爱的产品属性。联合分析法主要有成对比较分析法、权衡比较分析法、全属性比较分析法三种。成对比较分析法：测试者需要同时比较两个不同属性的产品，并做出决策选出自认为更好的产品。权衡比较分析法：测试者需要对两件产品的同一个属性进行比较，而不考虑其他的属性。全属性比较分析法：测试者对产品的某一属性进行评价，在"不考虑购买"到"考虑购买"的10级态度量表上进行选择，产品各属性都独立测量互不影响。

（二）生理学测量

生理学测量是测量由外界刺激产生引起的人体自动神经反射和脑波等生理变化，通过测量人的生理功能就可以间接地实现对感性的测量。该方法需要应用一些专用的生物测量设备：心电图仪、脑波测量仪、肌电图仪、眼动仪等。由于医学、生理学、计算机科学等这些学科的发展和各种智能医疗测量器械的开发，越来越多的成熟的生理学测量方法逐渐被应用到感性工学领域，发展为常用的感性工学的生理测量方法，如图8-9所示。

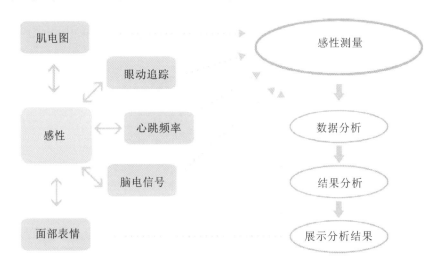

图8-9　感性工学的生理学测量方法

1. 心电图仪、脑波测量仪、压力传感器、表面摩擦测试仪、肌电图仪等实验性方法

人总是先用双眼观察事物，然后触摸它，接着使用它，进而感觉它的优劣。用户评价汽车，也是通过第一印象建立起对汽车质感的期望，用手或指尖的碰触来判断材质是否如期待中的优质。然后主动地体验各个部件，比如方向盘和按钮，握一握、操作一下，这时候的使用感受（操作感受）也是质感体验的重要组成部分。通过心电图仪、脑波测量仪、压力传感器、表面摩擦测试仪、肌电图仪等测量人体生理信息的医疗仪器，可以测量出各生理反应数据，通过对数据及波形图进行研究，可以分析出测试者在看到或操作某产品时的心理感受及意识强度，是喜欢、高兴，还是厌恶、沮丧，或者是使用时的舒适程度，依照此结果测定人的感性量，并将其应用于设计中。

马自达汽车研究员运用"感性工学"分析了人们通过感性感受到的质感，并提升了马自达汽车的质感。其主要从"触感""手感""形状"三个评价要素出发，对感性认识进行定量分析，提高品质。其过程是让测试者手戴着装有大约20个感应器的特制手套在试验赛道上行驶，分加速过程、减速过程、转弯过程三个场景，测量了手掌和手指受到的压力。利用上述试验数据，选定了最适合的方向盘材料和形状（见图8-10）。

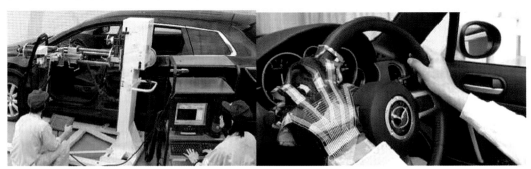

图8-10　马自达内饰触感感性工学实验

2. 眼动实验法

人们最主要最直观的是依靠视觉来感知外界，特别是对物的形态和色彩，因此，科学家一直致力于研究视线追踪技术。该技术主要是通过眼动仪记录用户的视线转移以及视觉停留的情况，即追踪眼球运动与瞳孔变化，通过相关热点数据来测量用户较为关注

的事物。其主要在注意力、视觉、阅读浏览、认知等领域颇受重视（见图 8-11）。随着能记录人眼运动轨迹及相关参数的精密眼动仪的问世，视线追踪技术已迅速被应用于感性工学领域。原田昭曾研究过一个项目"艺术品欣赏行为和人的情感"，要求观众在参观美术馆时佩戴眼动摄像机，从而根据眼动轨迹研究观众的观赏顺序以及不同艺术品对人的吸引程度，等等。

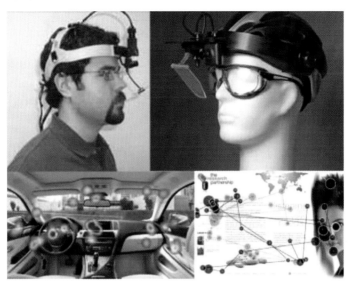

图8-11　眼动实验的数据分析图

8.2.2　感性的分析方法

通过感性的测量获得了用户的感性诉求，如何实现感性评价与产品的设计要素之间的映射关系是感性工学需要解决的下一个问题。通常过程如下：搜索大量产品样本，分析其构成要素，完成产品的类目分类及统计，建立感性意象与产品样本之间的测量方法进行感性评价，通过数据的统计分析建立感性意象与设计元素之间的关联性。在这一过程中，合理解构产品样本，测量方法的选择以及对感性测量数据的统计与分析是获得可靠性结论的关键，然而在建立感性意象与设计元素之间的关联性过程中，需要运用到现代数学模型以及统计方法，本节将讲述感性分析过程中常用的方法：数量化理论、多元尺度法、正交方法、因素分析法、集群分析法、类神经网络法、多元回归分析法等，通常而言，这些数据的分析与统计需要借助统计分析软件以及数学建模软件，常用软件有 EXCEL、SPSS 以及 MATLAB 等。

（一）数量化理论

数量化理论是日本学者提出的处理定性与定量变量之间关系的方法，按其所研究问题和目的之不同，数量化理论可分为数量化理论Ⅰ、Ⅱ、Ⅲ、Ⅳ四种，其中数量化Ⅰ类理论是感性工学最常用的数据处理方法之一，它利用多元回归分析法，建立一组定性变量自变量与一组定量变量因变量之间的数学模型，从而确定它们之间的函数关系，实现对因变量的预测。具体来说，在感性工学中，数量化理论主要用来得到各种感性意象与产品设计要素的偏相关系数、各设计要素分类的标准系数和决定系数。其中偏相关系数表示了该类设计要素对各感性意象的贡献，设计要素分类的标准系数进一步表示了该设计要素对各感性意象的贡献，决定系数表示了该模型的精度。在进行产品设计时，如果要得到某种感性意象评价较高的产品，则应优先注意偏相关系数较高的设计要素，而具体到各类设计要素，则应优先使用标准系数高的设计要素类别。

（二）多元尺度法

多元尺度法是一种非属性基础的方法，因此，测试者无须通过李克尺度法或语义区分法对各样本进行评价或判断，仅须根据测试者自己设定的主观标准，判断各样本之间的相似程度以及测试者对各样本的偏好。该方法就可在一个多元空间内，计算出各样本的空间坐标值。多元尺度法的目的是建立一个空间图，并使此空间图能以最少的维度来合理解释所输入的数据，所以该法可用于分析产品的意象认知空间。

（三）因素分析法

因素分析法是一种属性基础的方法，因此，测试者必须先用李克尺度法或语义区分法对各样本进行评价或判断，以计量数据作为因素分析输入。该方法的主要目的在于以较少的维度来表示原始的数据结构，而又能保存原始数据结构所提供的大部分信息，因此，通过因素分析法，可得到哪个因素与哪些变量具有高度关联，以了解该因素的意义，并赋予适当的名称。

（四）集群分析法

集群分析法是一种数值分类法，它能根据相似性或相异性，客观地将分布于某一计量空间中相似的事物归集在同一群内，集群的形成是根据某项标准进行分类而得。该方法的目的在于辨认某些特性相似的事物，并将这些事物按照这些特性划分成几个集群，使在同一群内的事物具有高度的同构型，而不同集群间的事物则具有高度的异质性。

（五）类神经网络法

类神经网络是仿真人类心智活动所发展出来的一种会思考的机制，它具有自我学习、归纳判断、经验累积等能力。如图 8-12 所示为类神经网络的基本架构，左边为输入层，用来接收外界的输入信息；右边为输出层，会将处理的结果输出到外界；中间隐藏层的层数及单元数可视需要而予以增减。当类神经网络的输出值与期望值不符时，网络就会不断地进行修正，直到两者达到一致为止，因此，我们可把整个网络视为一种输入与输出间非线性的映像关系；只要找到相对应的两组数据，将其输入类神经网络中，让它自我学习，等学习完毕后，就可用来预测未知的数据或状况。

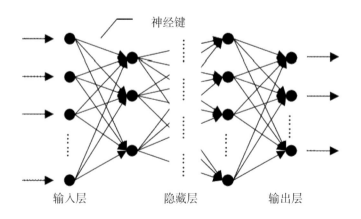

图8-12　类神经网络结构图的基本架构

（六）多元回归分析法

多元回归分析是将所要研究的变量区分成因变量和自变量，并根据相关理论建立因变量与自变量之间的函数，然后利用所得的样本资料去估计模型中的参数来达到多元回归分析法的两个目的（了解自变量与因变量的关系及影响方向与程度；利用自变量与估计的方程式对因变量做预测）。而模型中哪个数据应该设为自变量或是因变量，主要依据相关理论与逻辑来决定，其次是根据研究者想要研究的变量的关系来决定。多元回归分析法应用于感性工学，主要是建立产品意象与产品造型的对应关系，它可以说明若想表现特定的意象时，应该运用或避免哪些造型元素或处理方式，这些造型特征均可直接应用于产品造型设计中。

总的来说，在现有的感性工学研究中多数是采用统计分析方法进行数据的读取与提取的，进而建立感性意象与设计元素之间的映射关系。统计分析方法各有千秋，远远不止本章中所列出的，例如不少学者利用粗糙集理论、熵理论、进化算法、支持向量机等研究感性工学，在实际应用中，还需要设计师根据具体情况具体分析，厘清各个方法的具体用途，使用一种或几种方法结合来提炼真正需要的信息。这也是本节期望达到的目的之一。

8.2.3 设计要素的分析方法

产品的设计要素是分辨产品与产品之前区别的关键因素，产品的设计要素主要包含形态、材质、色彩等，在设计过程中不同设计元素之间的组合所获得的产品的意象不同，因此，通过对产品元素赋予不同的设计元素来表达不同的感性意象。在分析设计要素的过程中，形态矩阵分析法可以用来探索消费者的感性认知与产品设计元素之间的对应关系。该方法是 20 世纪 40 年代由弗里兹·扎维奇在总结前人经验的基础上提出的以一种系统化构思和程式化解题的创新方法。该方法的核心是把需要解决的问题按分类系统进行分解，找出每个分系统的一切可能的彼此独立的元素，将这些元素列出组成形态学矩阵（见图 8-13），然后进行排列组合，以产生解决问题的系统化方案或设想。形态分析法中的元素，是指构成某种事物的特性因子。一般情况下，研究对象的总系统可被分解为基本元素的子系统 A、B、C、D……每个基本元素，同时都对应很多可能的基本形态。

		形 态 特 征					
		1	2	3	4	···	n
形态元素	a	a_1	a_2	a_3	a_4	···	a_n
	b	b_1	b_2	b_3	b_4	···	b_n
	···	···	···	···	···	···	···
	n	n_1	n_2	n_3	n_4	···	n_n

图8-13 形态学矩阵

形态分析法的具体过程如下：

第一步：收集大量样本。

第二步：对样本进行调查分析，抓住样本的主要特征与典型特征。

第三步：对样本的典型特征进行统计分类，建立特征的类目。

第四步：建立特征与类目的形态矩阵。

通过以上陈述的方法和手段，能够使消费者所有不明确的、潜在的感性信息以一种显性化的方式呈现出来，同时对这些信息进行编码、分析、整理，进行数据信息挖掘，建立感性意象与设计元素之间的关联性。如图 8-14 所示是对汽车前脸造型的形态学分析，图 8-15 是对陶器器形的形态学分析。

形态元素 ITEM	分类基准 DATUM	分类 CATEGORY	代码 SIGN	说明图 IMAGE
1 比例 PROPOTION	a 上下格栅	上大	a_1	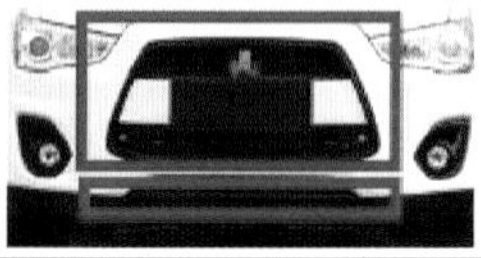
		下大	a_2	
		平均	a_3	

图8-14 汽车前脸形态元素的比例特征分类

项目	编号	类目	项目	编号	类目
器形 (x_1)	x_{11}	 束口斜短颈凸腹壶型	图案 (x_2)	x_{21}	 圆或圆与曲线结合的图案
	x_{12}	敞口盆钵型		x_{22}	 圆与直线结合的图案
	x_{13}	 束颈凸腹瓶型		x_{23}	 锯齿纹图案
	x_{14}	 束口短颈凸腹壶型		x_{24}	 圆与网络纹结合的图案
	x_{15}	 敞口凸肩壶型		x_{25}	三角形图案
	x_{16}	 束口长颈凸肩壶型	比例 (x_3)	x_{31}	1/2
	x_{17}	 敞口高足盆钵型		x_{32}	1

图8-15 彩陶设计元素的分类

8.2.4 基于感性工学的产品设计方法

通过上述分析与研究，结合具体设计实践归纳出一般产品的感性工学设计的流程主要包含以下几个过程。

(一) 确定研究产品的领域

确定研究产品的领域就是确定研究方向，这就意味着要对产品进行一次综合的研究和理解，它是研究的基础，同时为选择开发感性工学设计元素提供背景信息。研究者首先需要做一个宏观的调查，对现存的产品及概念进行大致的调研，包括对产品规格、消费者和市场环境进行研究和分析。从这些粗略的调研中，获取的数据是进行产品选择的重要参考信息。

（二）产品样本的选择

产品样本的萃取影响着调查的结果及结论的准确性，因此，对产品样本的萃取应准确且覆盖所有类型。产品样本的选取是根据人的主观意向，为减少个人主观因素引起的萃取偏差，应采用多次且多人的选取方法。对产品应该进行大量采集，形成全面的样本库，以尽量大的产品类目提高研究的准确性。该采集途径包括一手采集选取、产品宣传类目、互联网采集、厂商提供、经销商宣传册等，产品样本库中应尽可能地包含所研究产品的所有类型。为减少萃取者的个人主观因素引起的偏差，应邀请生产商、设计师及相关行业人士进行二次萃取，最终确定产品样本对产品样本的选择。第一步是粗略选择，后续可以通过相关方法进行集群化处理选择代表性样本，并利用形态分析建构产品的主要特征及类目，为调研做准备。

（三）产品感性词汇萃取

感性词汇是用来描述产品感性的词语，通常是形容词，如稳重、大气等，也可以是其他词性的词汇，比如可成长的、互动的等。为使选择的词汇更具代表性也更加全面，研究者在收集工作的初始，就要用到所有可以用到的途径，如专著文献、杂志、手册、相关的感性研究结果、专家意见、用户访谈、参与者对产品的评论，甚至是研究者的想象，进行感性词汇的收集。通常收集感性词汇的数量一般 50 ~ 600 个不等。在收集完感性词汇后，同样本的提取一样，一般要进行删减，删减一般以与产品意象不相关、重复、意义相近等为原则，采用市场调查或集群分析、因子分析等方法提取关键的感性词汇，经过该过程，最后剩下的感性词汇便是下一步感性测量或调查的基础。

（四）感性测量或调查

在样本和形容词确定后，下一步就是要针对样本进行样本的感性测量或调查。测量的方法如第二节中所讲述的感性的测量方法。除此以外，也可以通过市场调查的方法进行感性测量。在调查开始前，首先要确定调查问卷的数量及调查的配额，如年龄结构、性别比例；等等。在此基础上设计调查问卷，同其他学科的市场调查一样，感性调查问卷也要求问卷设计"简洁、易懂"，能够让测试者在最短的时间内回答最多的问题，以方便调查。如图 8-16 所示是对颈椎治疗仪某一样本感性词汇的调查问卷。

安全的	-3	-2	-1	0	1	2	3	危险的
现代的	-3	-2	-1	0	1	2	3	传统的
亲切的	-3	-2	-1	0	1	2	3	冷漠的
耐用的	-3	-2	-1	0	1	2	3	易损的
高效的	-3	-2	-1	0	1	2	3	低效的
干净的	-3	-2	-1	0	1	2	3	肮脏的

图8-16　颈椎治疗仪某一样本感性词汇的调查问卷

（五）调查结果数据的整理、分析与研究

感性工学调查数据要求使用大量不同的方法，得到统计学可靠的结论。根据感性词汇的数目，调查产品和被调查者的不同，调查的结果可能会是一个庞大的数据，人工处理显然很难完成，因此，必须借助计算模型或计算机软件实现对数据的处理和分析，常用软件有 SPSS、EXCELD 等。但另一方面，把数据从文本转移到计算机这一过程中的出错概率也会随着数据数量的增加而升高，所以这样的一个数据转译过程非常耗费时间和精力。感性工学的数据整理、分析与研究是一个比较繁重的工作。通过这些分析与研究，最终获得感性词汇与设计元素之间的映射关系。在感性工学实施阶段中，最重要的步骤无疑是找到感性词汇与产品属性之间的联系，并对产品属性在多大程度上用何种方式影响感性词汇做出估计。因此，这一过程的主要任务是将感性词汇与设计元素的关系量化，检验它们之间的相关性，用具体的数字来说明两者间的关系。确定设计元素的变化对人的感觉变化的影响，以及根据感性的变化确定产品的外形，从而指导产品设计。

综合上述过程，总结出感性工学理论在产品设计、研发过程中的运作流程（见图 8-17）。

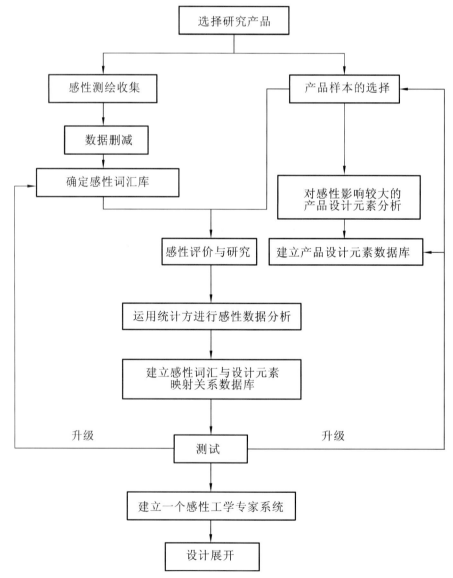

图8-17　感性工学理论在产品设计、研发过程中的运作流程

8.3
设计实践与案例

(一) 基于用户研究的助行康复机感性需求确定

项目小组从生理特点和心理特点两个角度对主要目标用户群体（下肢残疾人与老年人）进行了市场调查，从用户的角度、用户的需求角度和产品本身三个方面挖掘了下肢残疾人、老年人对助行康复机的感性需求，主要感性词汇为安全感、归属感、审美感。

(二) 确定研究对象

本研究以助行康复机为研究对象，在满足其功能条件下，利用感性工学的理论挖掘其感性意象，在此基础上指导设计师完成其造型设计。由于篇幅以及感性数据计算量的限制，重点对助行康复机的形态进行感性评价与研究，因此，在进行感性测量与分析时排除色彩与材质对形态的影响，结合感性意象评价研究主要的造型特征、设计要素与感性意象之间的映射关系，并适当省略了部分数据处理过程，结合产品设计中的其他设计理论完成该设计实践。为更有效地研究助行康复机器的感性意象，项目小组采用广泛收集、选取的手段进行样本选择和感性词汇选择，并进一步完成了其筛选，最终确定感性词汇和研究样本。

(三) 感性词汇的萃取与确定

感性词汇的萃取与确定分为两个过程。

1. 初步筛选

根据助行康复机的特点，以及用户对助行康复机的感性需求分析，通过书籍、杂志、互联网、调查分析等手段广泛收集 165 个感性词汇，经过专家、设计师、用户等专业人员按照含义进行初步的分类和提炼，得到 32 个感性词汇。

2. 二次筛选

将 32 个感性词汇制成调查问卷，要求测试者挑选出 10 个最具有代表性的可以进行助行康复机感性测量的形容词，调查对象包括参与过助行康复机项目的项目组成员 10 人，从事过助行康复机技术工作人员 20 人，长期从事产品设计工作的设计人员 15 人，此外，还有老年人、残疾人以及医院和敬老院的医疗工作者 30 人，按照词频统计分析，挑选出前 10 名的感性词汇，分别为：安全、舒适、灵巧、精致、科技、专业、自然、圆润、简洁、友好。按照语义区分法，其意义相对的形容词词组为：安全—危险；舒适—难受；灵巧—笨重；精致—粗糙；科技—落后；专业—业余；自然—机械；圆润—硬朗；简洁—复杂；友好—不友好。

(四) 确定评价的典型样本

项目组在网络、商城、书刊上搜索资料，项目组一共收集了 65 个样本图片，然后去掉重复的、不清楚的 15 个样本图片，对剩下样本进行归类，再从每个类型选取一个比较典型的样本，最终选出 30 个样本图片（需要提醒的是如果项目组觉得 30 个样本的数据依旧比较大，可以通过市场调查进行集群分析与研究），确定的 30 个产品样本如图 8-18 所示。

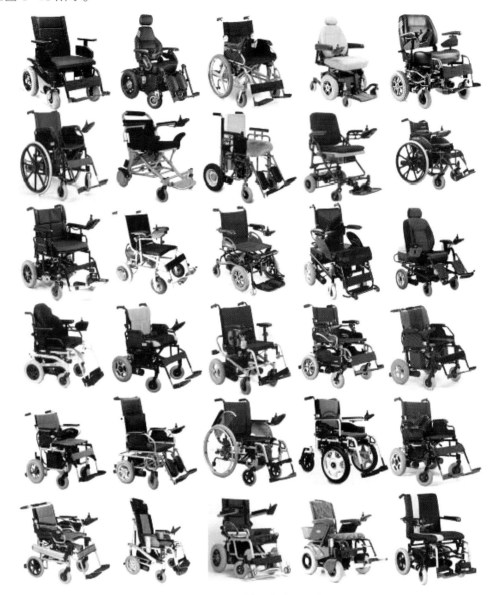

图8-18　确定的30个产品样本

（五）确定感性调查的对象

本次感性调查对象的确定同感性词汇的筛选问卷一样，需要选择对助行康复机有一定理解力或者接触、使用过该产品的人，因此，调查对象包括参与过助行康复机项目的项目组成员 20 人，从事过助行康复机技术工作人员 20 人，长期从事产品设计工作的设计人员 20 人，此外，还有老年人、残疾人以及医院和敬老院的医疗工作者 40 人，一共共计 100 人。

（六）样本的感性测量

在感性测量阶段，重点研究产品形态对感性的作用，因此需要对 30 个样本图片进行灰度处理，并将 30 个样本图片与 10 对感性词汇制作成语义量化表进行感性测量，具体示例参见图 8-19，其他 29 个样本示例省略，在调查中共收回有效问卷 87 份，经过数据统计，每个样本的感性平均值见表 8-3。

NO.1	安全	3	2	1	0	−1	−2	−3	危险
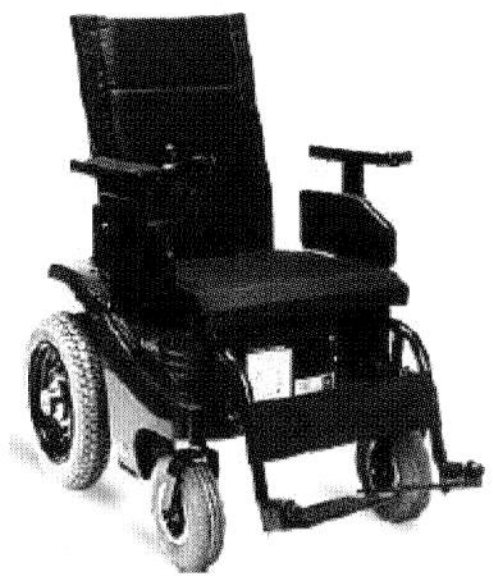	舒适	3	2	1	0	−1	−2	−3	难受
	灵巧	3	2	1	0	−1	−2	−3	笨重
	精致	3	2	1	0	−1	−2	−3	粗糙
	科技	3	2	1	0	−1	−2	−3	落后
	专业	3	2	1	0	−1	−2	−3	业余
	自然	3	2	1	0	−1	−2	−3	机械
	圆润	3	2	1	0	−1	−2	−3	硬朗
	简洁	3	2	1	0	−1	−2	−3	复杂
	友好	3	2	1	0	−1	−2	−3	不友好

图8-19 样本感性测量示例

表8-3 30个样本的感性测量结果

NO.	安全	舒适	灵巧	精致	科技	专业	自然	圆润	简洁	友好
1	−1.766	−0.755	−1.895	−1.543	−2.164	−2.044	−2.083	−2.701	1.895	−1.821
2	−1.861	2.12	−1.635	−0.514	−1.801	−2.025	−1.865	1.876	1.234	−0.669
3	0.573	1.024	1.827	0.901	1.113	0.251	1.065	1.012	0.721	1.347
4	−2.003	2.118	−1.534	−1.655	−2.744	−2.746	−2.044	−0.987	1.648	−1.677
5	−1.534	2.830	−1.649	1.981	0.003	−1.898	−1.545	2.192	−1.933	1.059
6	1.321	1.234	1.232	0.254	−0.745	1.983	1.001	−0.749	0.417	1.203
7	−0.988	−0.036	2.334	−0.024	−0.845	−1.899	1.995	−0.876	2.003	−0.813
8	−0.986	−0.876	2.002	−1.457	−1.987	−2.979	−1.426	−1.991	−0.353	−1.533
9	−1.991	−0.211	2.223	−0.485	−0.849	−1.955	−0.548	−0.847	2.118	−1.101
10	1.251	1.658	1.915	0.324	0.239	1.433	0.658	1.835	0.555	1.779
11	−0.475	1.028	1.878	−0.877	−2.013	−1.655	−1.649	−1.983	−0.251	−0.093
12	−2.577	−0.88	2.005	−1.855	−2.342	−2.033	−1.665	−0.412	1.065	−0.957
13	−0.865	−0.021	0.684	0.079	−1.533	−1.105	−0.913	−1.012	−0.821	0.051
14	−0.846	0.325	0.967	0.201	−1.649	−0.813	−0.855	−1.02	−1.036	−0.381
15	−1.538	2.125	−1.135	−0.232	−1.342	−2.012	−1.845	2.000	−1.419	−0.525
16	−0.754	1.135	−1.313	−0.786	−1.965	−1.543	−1.853	0.997	−1.754	0.915
17	1.735	1.992	−0.021	1.004	−1.469	0.234	0.107	−0.085	−0.411	1.635
18	−0.543	0.068	−0.705	−0.013	−1.544	−1.411	−0.676	1.012	−1.201	−0.237
19	1.566	1.835	−0.654	1.642	−0.548	2.109	0.124	0.208	−0.152	1.923
20	1.648	2.024	0.245	1.074	−0.787	0.200	0.014	−0.314	0.001	1.491
21	−0.414	1.016	0.288	−0.427	−1.747	−1.026	−0.022	−0.401	0.109	0.627
22	1.012	0.145	0.671	−0.121	−1.848	0.134	0.643	−1.686	0.344	0.483
23	1.578	1.738	1.104	1.238	0.826	2.023	1.689	1.809	1.016	2.211
24	1.661	2.002	0.921	1.574	1.658	2.152	1.971	1.798	0.923	2.067
25	1.021	1.658	1.235	0.241	−0.875	−1.523	−1.206	−1.847	0.363	0.195
26	0.152	0.531	0.457	−0.482	−1.854	−0.306	−0.127	0.076	−0.698	0.771
27	−0.765	0.123	0.522	−0.474	−1.855	0.093	0.013	0.023	−0.574	0.339
28	−0.748	−0.423	−0.725	0.231	−1.849	−0.676	−0.790	−0.997	−1.595	−1.389
29	−1.688	1.124	−2.017	−1.433	−1.866	−2.013	−1.855	−1.413	−2.025	−1.965
30	−1.265	1.121	1.928	−0.538	−0.877	−1.642	−0.765	−1.316	−0.374	−1.245

(七) 感性评价与分析

1. 助行康复机感性的定性分析

根据样本在每个感性词汇中的测量结果进行感性与样本分析，在此基础上对样本设计要素对感性词汇的影响进行定性分析。定性分析的结果：一方面有助于运用形态分析法对设计要素进行细化；另一方面可以同定量分析的结果相互配合、补充和解释，为助行康复机感性需求与设计要素的相关性分析奠定基础。

感性词汇"安全"的分析：

对感性词汇"安全"，样本17、24、20、23、19得分较高，样本1、2、9、4、12得分较低，通过某一感性词汇得分高低进而分析样本的形态。得分高的样本整体框架比例协调，封闭式扶手，并配有旁板，基本都有支撑架，圆弧形脚托架以及推手；得分低的样本整体框架不清晰，多为独立式扶手，少有脚托架、推手、支撑架和旁板（见图8-20）。以此类推分析其他9个感性词汇（在此不一一列举分析结果）。

通过综合分析：整体框架、扶手形态、支撑架、座椅靠背的形态、旁板、脚托架的结构、推手形态等设计要素对感性词汇的影响较为重要。

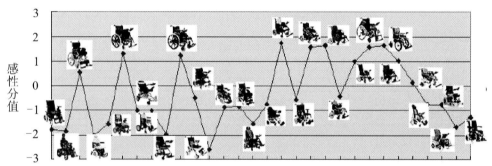

图8-20　感性词汇测量结果分析

2. 助行康复机感性的定量评价

1）助行康复机造型特征分析

结合助行康复机的样本形态以及前期对其定性的分析与研究，以形态分析法为依据，根据助行康复机的特点按照从整体到局部、从上到下、从大到小来进行分解，再结合定性分析的结果，最后分解为七个造型特征（见图8-21）。

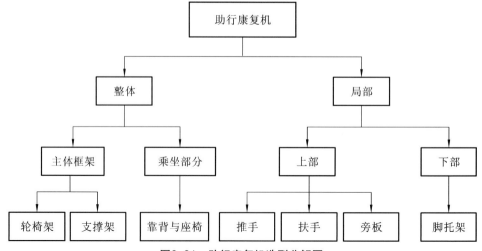

图8-21　助行康复机造型分解图

2）确定项目与类目

七个主要造型特征为轮椅架、支撑架、靠背和座椅、推手、扶手、旁板、脚托架。每个造型特征在助行康复机中的说明如图 8-22 所示。把这些造型特征作为项目，其具体内容作为类目，即设计要素，具体内容如图 8-23 所示。

3）进行设计元素与感性词汇的调查分析

首先，确立函数关系以及数学模型，依据多元回归理论，构建因变量 Y（助行康复机的感性评价值）和自变量 X（设计要素）的函数关系，具体函数关系如式（8-1）所示。

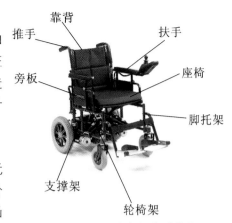

图8-22　助行康复机造型说明

项目名称	项目编号	类目编号	类目说明	项目名称	项目编号	类目编号	类目说明
轮椅架	X1	X1.1		推手	X4	X4.1	双把手
		X1.2				X4.2	一字形
		X1.3		扶手	X5	X5.1	曲线封闭式 
		X1.4	不规则形			X5.2	直线封闭式 
支撑架	X2	X2.1	直线式			X5.3	独立式
		X2.2	斜线式	旁板	X6	X6.1	全封闭式
		X2.3	不规则式			X6.2	半封闭式 
		X2.4	无			X6.3	无
靠背和座椅	X3	X3.1	平面形	脚托架	X7	X7.1	直线形 
						X7.2	小圆弧形 
		X3.2	曲面形			X7.3	大圆弧形 

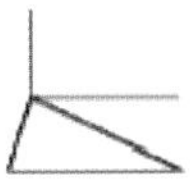

图8-23　项目与类目

$$Y=b_0+b_1X_{i1}+b_2X_{i2}+\cdots+b_jX_{ij}+b_m \tag{8-1}$$

其中 b 是模型参数 i 为样本编号，由于样本总数为 30，所以 i=1，2，…，30。

然后对所有样本进行类目分析与统计，根据数量化 I 类理论以及每个样本具体的设计要素来确定自变量（虚拟变量）的具体值，其中 0 代表该样本的该设计要素不属于分类中的任何一个，统计结果见表 8-4。在上述基础上，对样本进行类目统计与分析，将助行康复机的设计要素设为自变量 X，样本共有 7 个造型，23 个类目，当第 i 个实样本第 j 类造型特征项目对应第 k 类设计要素类目时，其值记为 1，否则记为 0，最终获得自变量的矩阵，如图 8-24 所示。根据数量化 I 类理论，将表 8-3 因变量的值和自变量的值输入模型，并利用 MATLAB 进行计算，计算结果如表 8-5 所示。

表8-4　各样本具体设计要素统计表

	轮椅架	支撑架	靠背和座椅	推手	扶手	旁板	脚托架
1	0	4	1	3	3	2	2
2	0	4	2	3	1	1	1
3	1	4	1	1	1	1	2
4	0	4	2	3	3	3	4
5	4	3	2	3	3	2	3
6	1	1	1	1	1	1	2
7	3	4	1	0	3	3	4
8	1	1	1	1	1	3	1
9	3	4	1	3	3	3	4
10	1	4	0	1	3	2	3
11	1	1	1	1	1	2	2
12	1	4	1	1	3	3	3
13	4	4	1	1	3	2	2
14	2	2	1	1	3	2	0
15	2	2	2	3	3	2	1
16	4	3	0	3	2	2	3
17	1	1	1	1	1	1	2
18	2	2	1	1	3	2	2
19	1	4	1	1	1	1	3
20	1	4	1	2	1	1	3
21	1	4	1	1	1	2	1
22	4	3	1	2	2	2	1
23	1	4	1	1	1	1	3
24	1	1	1	1	2	2	3
25	1	1	1	1	1	1	2
26	2	2	1	2	1	2	3
27	2	2	1	0	3	1	3
28	4	2	1	3	3	2	3
29	0	4	1	3	0	1	3
30	1	3	1	1	3	3	3

$$X = \begin{bmatrix}
0 & 0 & 0 & 0 & 0 & 0 & 0 & 1 & 1 & 0 & 0 & 0 & 1 & 0 & 0 & 1 & 0 & 1 & 0 & 1 & 0 & 0 & 1 & 0 & 0 \\
0 & 0 & 0 & 0 & 0 & 0 & 0 & 1 & 0 & 1 & 0 & 0 & 1 & 1 & 0 & 0 & 1 & 0 & 0 & 1 & 0 & 0 & 0 \\
1 & 0 & 0 & 0 & 0 & 0 & 0 & 1 & 1 & 0 & 1 & 0 & 0 & 1 & 0 & 0 & 1 & 0 & 0 & 0 & 1 & 0 & 0 \\
0 & 0 & 0 & 0 & 0 & 0 & 0 & 1 & 0 & 1 & 0 & 0 & 1 & 0 & 0 & 1 & 0 & 0 & 1 & 0 & 0 & 0 & 1 \\
0 & 0 & 0 & 1 & 0 & 0 & 1 & 0 & 0 & 1 & 0 & 0 & 1 & 0 & 0 & 1 & 0 & 1 & 0 & 0 & 0 & 1 & 0 \\
1 & 0 & 0 & 0 & 1 & 0 & 0 & 0 & 1 & 0 & 1 & 0 & 0 & 1 & 0 & 0 & 1 & 0 & 0 & 0 & 1 & 0 & 0 \\
0 & 0 & 1 & 0 & 0 & 0 & 0 & 1 & 1 & 0 & 0 & 0 & 0 & 0 & 0 & 1 & 0 & 0 & 1 & 0 & 0 & 0 & 1 \\
1 & 0 & 0 & 0 & 1 & 0 & 0 & 0 & 1 & 0 & 1 & 0 & 0 & 1 & 0 & 0 & 0 & 0 & 1 & 1 & 0 & 0 & 0 \\
0 & 0 & 1 & 0 & 0 & 0 & 0 & 1 & 1 & 0 & 0 & 0 & 1 & 0 & 0 & 1 & 0 & 0 & 1 & 0 & 0 & 0 & 1 \\
1 & 0 & 0 & 0 & 0 & 0 & 0 & 1 & 0 & 0 & 1 & 0 & 0 & 0 & 0 & 1 & 0 & 1 & 0 & 0 & 0 & 1 & 0 \\
1 & 0 & 0 & 1 & 0 & 0 & 0 & 1 & 0 & 1 & 0 & 0 & 1 & 0 & 0 & 0 & 1 & 0 & 0 & 1 & 0 & 0 & 0 \\
1 & 0 & 0 & 0 & 0 & 0 & 0 & 1 & 1 & 0 & 0 & 0 & 1 & 0 & 0 & 1 & 0 & 1 & 0 & 0 & 1 & 0 & 0 \\
0 & 0 & 0 & 1 & 0 & 0 & 0 & 1 & 1 & 0 & 1 & 0 & 0 & 0 & 0 & 1 & 0 & 1 & 0 & 0 & 1 & 0 & 0 \\
0 & 1 & 0 & 0 & 0 & 1 & 0 & 0 & 1 & 0 & 1 & 0 & 0 & 1 & 0 & 1 & 0 & 0 & 0 & 0 & 0 \\
0 & 1 & 0 & 0 & 0 & 1 & 0 & 0 & 0 & 1 & 0 & 0 & 1 & 0 & 0 & 1 & 0 & 1 & 0 & 1 & 0 & 0 & 0 \\
0 & 0 & 0 & 1 & 0 & 0 & 1 & 0 & 0 & 0 & 0 & 0 & 1 & 0 & 1 & 0 & 0 & 1 & 0 & 0 & 0 & 1 & 0 \\
1 & 0 & 0 & 0 & 1 & 0 & 0 & 0 & 1 & 0 & 1 & 0 & 0 & 1 & 0 & 0 & 1 & 0 & 0 & 0 & 1 & 0 & 0 \\
0 & 1 & 0 & 0 & 0 & 1 & 0 & 0 & 1 & 0 & 0 & 0 & 0 & 1 & 0 & 1 & 0 & 0 & 1 & 0 & 0 \\
1 & 0 & 0 & 0 & 0 & 0 & 0 & 1 & 1 & 0 & 1 & 0 & 0 & 1 & 0 & 0 & 1 & 0 & 0 & 0 & 0 & 1 & 0 \\
1 & 0 & 0 & 0 & 0 & 0 & 0 & 1 & 1 & 0 & 0 & 0 & 1 & 0 & 0 & 1 & 0 & 1 & 0 & 0 & 0 & 1 & 0 \\
1 & 0 & 0 & 0 & 0 & 0 & 0 & 1 & 1 & 0 & 1 & 0 & 0 & 1 & 0 & 0 & 0 & 1 & 0 & 1 & 0 & 0 & 0 \\
0 & 0 & 0 & 1 & 0 & 0 & 1 & 0 & 1 & 0 & 0 & 1 & 0 & 0 & 1 & 0 & 0 & 1 & 0 & 1 & 0 & 0 & 0 \\
1 & 0 & 0 & 0 & 0 & 0 & 1 & 1 & 0 & 1 & 0 & 0 & 1 & 0 & 0 & 1 & 0 & 0 & 0 & 1 & 0 & 0 \\
1 & 0 & 0 & 0 & 1 & 0 & 0 & 0 & 1 & 0 & 1 & 0 & 0 & 0 & 1 & 0 & 0 & 1 & 0 & 0 & 0 & 1 & 0 \\
1 & 0 & 0 & 0 & 1 & 0 & 0 & 0 & 1 & 0 & 1 & 0 & 1 & 0 & 0 & 1 & 0 & 0 & 0 & 1 & 0 & 0 \\
0 & 1 & 0 & 0 & 0 & 1 & 0 & 0 & 1 & 0 & 0 & 1 & 0 & 1 & 0 & 0 & 0 & 1 & 0 & 0 & 0 & 1 & 0 \\
0 & 1 & 0 & 0 & 0 & 1 & 0 & 0 & 1 & 0 & 0 & 0 & 0 & 0 & 0 & 1 & 1 & 0 & 0 & 0 & 0 & 1 & 0 \\
0 & 0 & 0 & 1 & 0 & 1 & 0 & 0 & 1 & 0 & 0 & 0 & 1 & 0 & 0 & 1 & 0 & 1 & 0 & 0 & 0 & 1 & 0 \\
0 & 0 & 0 & 0 & 0 & 0 & 1 & 1 & 0 & 0 & 1 & 0 & 0 & 1 & 0 & 0 & 1 & 0 & 0 & 0 & 0 & 0 \\
1 & 0 & 0 & 0 & 0 & 0 & 1 & 0 & 1 & 0 & 1 & 0 & 0 & 0 & 0 & 1 & 0 & 0 & 1 & 0 & 0 & 1 & 0
\end{bmatrix}$$

表8-5　定量分析结果表

	安全	舒适	灵巧	精致	科技
$b0$	−4.943	−1.142	3.036	−5.502	−5.330
X1.1	0.312	0.918	1.513	0.686	1.099
X1.2	−0.218	0.016	−0.083	−0.450	−0.696
X2.1	0.007	0.012	0.032	0.053	0.007
X2.2	0.154	−0.207	0.556	0.439	1.144
……	……	……	……	……	……
X6.1	3.786	2.381	−1.439	2.894	1.722
X6.2	2.612	2.030	−1.412	2.208	1.385
X6.3	0.013	0.008	0.019	0.042	0.003
X7.1	1.103	−0.182	−1.025	−0.487	−0.279
常数项	−0.336	0.928	0.372	−0.072	−1.175
R^2	0.935	0.951	0.855	0.879	0.730

4）设计元素与感性词汇的相关性分析

表 8-5 中所有结果都满足 $R^2 > 0.36$，说明采用数量化Ⅰ类理论和最小二乘法对助行康复机进行定量分析的结果具有一定的可信度，并可以被采纳，同时都满足 $R^2 > 0.64$，表示结果具有较高的可信度。表 8-5 的结果反映了设计要素对各感性词汇的影响程度。在此基础上，我们进一步分析感性词汇的类目得分与项目区间值的映射关系，助行康复机设计要素与感性词汇的相关性分析结果具体如下。

以"感性词汇'安全'与设计要素相关性分析"为例，对设计要素而言，"安全"项目变化最大的是 X6、X7、X4、X2，表示对感性词汇"安全"来说，项目脚托架、支撑架、推手和旁板的影响很大，其他设计要素的数值变化基本不超过 1，说明对感性词汇"安全"影响不大，与定性分析基本吻合（见图 8-25）。

对设计类目而言，类目 X6.1、X7.3、X6.2、X5.1、X5.2、X4.2 得分较高，说明一字型推手，有旁板、封闭式扶手、大圆弧形脚托架，在正方向对"安全"有影响。各设计要素在负方向贡献值都不大，类目 X2.4、X3.1 得分较低，说明无支撑架，平面型靠背和座椅，在负方向对"安全"会产生一些影响，如图 8-25 所示。

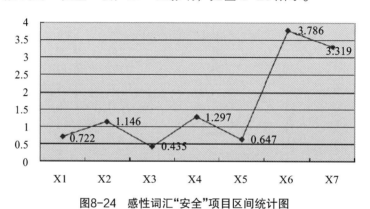

图8-24　感性词汇"安全"项目区间统计图

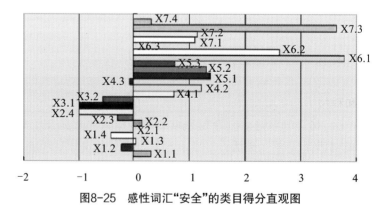

图8-25　感性词汇"安全"的类目得分直观图

（八）助行康复机的感性工学设计实现

通过对助行康复机感性需求与设计要素的相关性分析，得到助行康复机各造型特征和设计要素对用户产生的感性影响，以及这些感性信息如何通过产品造型特征和设计要素表现出来。在材料选择上，通常而言，整体框架为铝合金材料，不仅能够在强度上达到要求，也能体现产品的科技感；靠背和座椅、把手和推手这些与用户直接接触的部分均使用较为柔软的材质，比如气垫、皮革和泡沫等，既柔软舒适，又体现产品的品质感；外壳方面采用苯乙烯 ABS 塑料，不仅可塑性强，更易于细节处理，而且还可制成多种质感，比如磨砂、木纹等，从材质上给人以关怀。在色彩设计上，在医疗康复类产品设计中，颜色要给人卫生、专业、高级和科技的感觉，因此，白色和蓝色等干净纯粹的颜色更适合应用于医疗康复产品中。随着用户观念的转变，如今已有设计师大胆地在智能轮椅中应用如红色、黄色等暖色加以点缀，这些颜色能够给用户温暖的感觉，这样的色彩搭配也得到了很好的反馈。在上述要素的指导下，最终得到的效果图方案如图 8-26 所示。

图8-26　助行康复机设计方案

（1）在轮椅架的设计上选用 X1.1 矩形轮椅架，整体框架比例协调、清晰明了，满足灵巧和简洁的需求。弥补了矩形轮椅架在科技、专业与自然性方面的缺点，并且考虑到支撑架对产品自然、安全以及圆润方面的影响，对产品整体以及轮椅架与斜线式支撑架进行了改良设计，形成了现在的轮椅架形态。

（2）靠背和座椅为 X3.2 曲面形。整体形态以曲线为主，选用与人体骨骼相似的曲线造型，符合人体工程学的原理，舒适性更强，曲面形靠背和座椅的特点是精致感十足，并满足圆润和科技方面的需求。

（3）推手形态为 X4.2 一字形。推手是残疾人和老年人的家人及护理人员使用的结构，一字形推手能够满足安全、灵活、专业、自然与友好的需求，并且在用户反馈中，一字形推手也是最受用户喜爱的。

（4）扶手设计为 X5.1 曲线封闭式。曲线转角简洁、圆润，结合定性定量的分析结果，曲线封闭式扶手既能满足用户对扶手的功能需要，又能满足安全、圆润、专业和友好的需要。

（5）旁板为 X6.2 半封闭式。经过定性与定量的分析可知，半封闭式旁板能够满足安全、舒适、精致、专业、自然、圆润与友好的要求，在整个外观设计中有着较为重要的地位，此外，也体现了产品整体的专业性与精致感。

（6）脚托架为 X7.3 大圆弧形。大圆弧形能够体现出安全、舒适、灵巧、专业、圆润、自然与友好的特点，另外，为了使整体外观更为简洁，在保证脚托架功能的前提下缩小了脚托架的结构，脚托架对助行康复机用户的下肢来说是一个非常重要的结构，脚托架同靠背和座椅一起为用户提供了舒适的乘坐环境。

第三篇

设计程序与设计方法

第 9 章

设计程序
与设计方法

★教学目标

本章主要讲述产品设计的一般流程，产品设计程序与设计方法。通过讲述产品设计程序与设计方法如何应用于实践，并将经典的案例进行分析，使学生能真正理解什么是产品设计中设计程序与设计方法，通过什么样的方法来进行运用。

★教学重、难点

要求初学者充分了解设计程序与设计方法的流程步骤，并通过实际项目的引导，使初学者掌握设计程序与设计方法的流程。

★实训课题

实训一：针对环保座椅设计为主题，通过设计程序与设计方法进行科学系统的设计，并汇报展示。

产品的设计是一个科学的程序与方法的设计。每一个设计的过程都是一个解决问题的过程，也是一个创新的过程。当我们接受一个新的产品设计项目时，我们要考虑产品设计与许多要素的关系，因而设计并不是单纯解决技术上的问题或是外观上的问题，设计过程将面临与产品有关的各式各样的问题。产品设计所涉及的内容和范围很广，其设计的复杂性各不相同，其设计程序也就会有所差异。因此，产品的设计开发必须要有一个规范的流程，才能有计划、按步骤、分阶段地解决各类问题，最后得到满意的设计结果。

设计程序是有目的地实施设计计划的行为，是一个具体的设计从开始到结束的各个阶段有序的工作步骤。当然，各个阶段的划分并不是绝对的，有时会相互交错，有时又需要重新返回上一阶段，循环进行。设计方法的存在是为了更好的解决设计问题，设计程序是设计方法的架构，是针对首要的设计问题而拟订的步骤，每一个步骤的设定，必然是针对主要的设计问题而定的。因此，设计程序中的每一个阶段，都存在不同的问题，也就需要不同的方法来解决。

产品设计过程的一般模式如图 9-1 所示。

9.1.1 接受项目，制订项目规划

(一) 接受项目

接受的设计项目是多种形式的，可分为改良性设计任务、开发性设计任务与概念性设计任务。不管什么设计任务，当设计师接受一项产品设计项目时，都需要进行项目可行性立项，制订项目任务书。产品开发是根据项目任务书的要求进行的。在接受一项设计任务时，除了必须了解所需设计的内容以外，要确定实现目标。

(二) 制订项目规划

每一个产品设计的过程都是一个解决问题的过程，或是产品新的问题或是老问题的新方案，提出合理准确的问题的前提是对现有的产品进行分析，从而确定如何改良，如何开发与创新。对现有的产品进行分析又需要有大量的产品的相关资料，而对此进行相关的市场调研，以供分析使用，做全面的分析对产品设计项目来说是十分必要的。这一分析通常就是项目的可行性报告的编制，主要内容是：针对开发项目的要求，对产品设计的方向、潜在的市场因素、所要达到的目的、项目的前景以及可能达到的市场占有率、企业实施设计方案应该具有的心理准备及承受能力，等等。

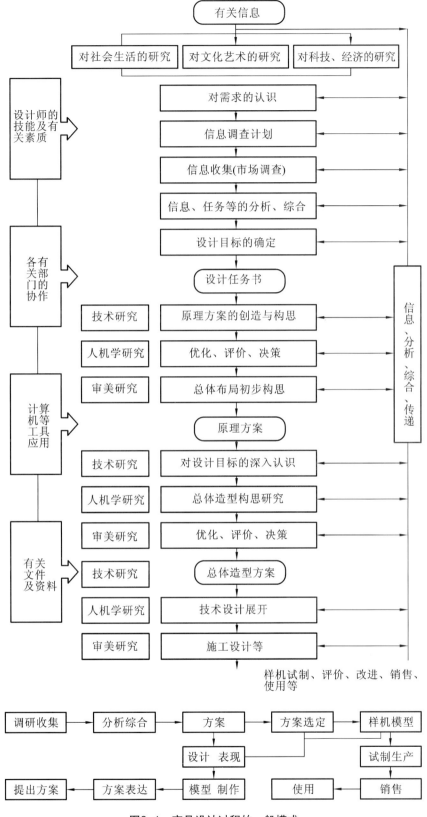

图9-1　产品设计过程的一般模式

设计项目的阶段规划如图 9-2 所示。产品设计方案时间计划表见表 9-1。

设计规划制订设计计划应该注意以下几个点。

（1）明确设计内容，掌握设计目的。

（2）明确该项目进行所需的每个环节。

（3）了解每个环节工作的目的及手段。

（4）理解每个环节之间的相互关系及作用。

（5）充分估计每一个环节工作所需的实际时间。

（6）认识整个设计过程的要点和难点。

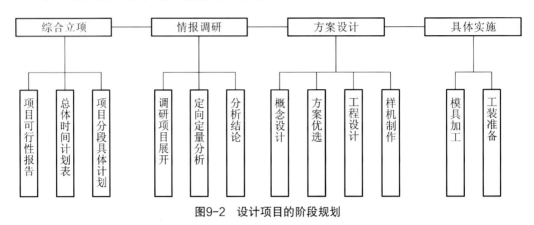

图9-2　设计项目的阶段规划

在完成设计计划后，应将设计全过程的内容、时间、操作程序绘制成一张设计计划表。计划表的结构形式适用于大部分产品的设计，只是不同的产品，设计周期有所不同。

产品设计方案时间计划表见9-1。

表9-1　产品设计方案时间计划表

××××产品方案设计时间计划表			2018年4月
内容　　时间	1 2 3 4 5 6 7 8 9 10	11 12 13 14 15 16 17 18 19 20	21 22 23 24 25 26 27 28 29 30 31
市场调研	●———●		
调研报告	———●		
设计讨论会	———●		
设计构思	———————●		
构思分析会		●	
设计展开		●———●	
方案效果绘制		———●	
方案研讨会		———●	
设计深入		———●	
设计模型图纸		———●	
设计模型制作			———●
设计方案预审			———●
设计制图			———●
设计综合报告			———●
设计方案送审			———●

9.1.2　调查分析，发现问题

产品设计前，对产品进行设计调查分析是每个设计师都必须做的事。任何一件产品的设计都不是设计师凭空臆造出来的，因为每一件设计都会涉及需求、经济、文化、审美、技术、材料等一系列的问题。设计活动不是封闭的，而是在市场竞争中，由设计师综合人、市场竞争、产品机能、流行时尚、社会文化等因素进行整理，从而可以得出的具有良好性能又能适应市场的优良产品。

产品设计的成功与否与消费者有着密切的联系。消费者认同、购买产品，说明设计是成功的。站在消费者的角度来对产品进行分析研究是十分必要的。不同的设计不仅所涉及问题的领域不同，而且深入程度也各不相同。因此，在设计开始之前，必须科学、有效地掌握相关的信息和资料。要使自己的设计不落俗套，就必须站在为使用者服务的基础上，从市场调研开始。

9.1.3 分析问题，提出概念

（一）分析问题

一般问题来自各式各样的因素，设计师要把握问题的构成，才能分析问题。明确问题的所在，了解构成问题的要素。一般方法是将问题进行分解，然后再按其范畴进行分类。问题是设计的对象，大量的信息和问题往往由多种因素引起。而要认识问题，首先要明确问题的结构，分析问题的组成。一般从产品、环境、使用者和社会这四个方面展开分析。

寻求解决问题的方向，要明确把握了人机环境各要素间应解决什么，这样才能知道应采用何种解决问题的方法。在解决设计问题时，要按系统的方法来认识问题，有条有理地按照预定的设计目标进行工作，在设计的前期工作已经进行得十分充分的前提下，设计的结果以及解决问题的方案就应该同时在设计人的头脑中产生。

设计师能否根据设计问题的分析提出设计概念是非常重要的。发现了问题，明确了问题所在，也能找到解决问题的方法。

（二）提出概念

设计概念是在对设计进行了相当数量的构思以后逐渐形成的，由量变到质变，是明确设计方向后设计程序进一步的深化，是对设计方向充分分析问题后大量构思的积累。概念的提出，是对设计问题提出明确而有效的解决方案，是解决问题的具体化，是设计问题的最佳解决方案的构想。

（三）Node 座椅为案例

IDEO 与 Steelcase 携手合作，共同寻找并设计有助于改善教室体验的平台。团队在观察中发现，尽管教室的规模和密度在急剧增大，但几十年来，这种带写字板的课桌椅却一直还存在空间较小，缺少储放功能，移动不方便等问题。为此，根据这个问题IDEO 开发了一系列座椅。Node 座椅它有效促进了学生间的协作，帮助教育工作者根据不同的教学模式来调整教室布置，并能通过可灵活切换的多用途教学空间，帮助学校节省经费。

Node 座椅因其时尚的设计和较强的实用性而备受人们的青睐。每一处细节都彰显着体贴与用心。CliffKuang 在《快速公司》杂志的一篇文章上这样写道："座椅设计宽大，方便学生在任何情况下转换姿势；座椅本身可以旋转，这样学生就能转动座椅，看到教室里其他同学的展示；带轮盘的底座让学生可以快速拖动座椅，在讲座和小组活动模式之间轻松切换。在进行小组活动时，桌椅一体式的比例设计整个排列在一起，看起来就像是一张大会议桌。"Node 座椅如图 9-3 至图 9-6 所示。

图9-3　Node座椅1

图9-4　Node座椅2

图9-5　Node座椅3

图9-6　Node座椅4

9.1.4　设计构思解决问题

构思，是对既有问题所做的许多可能的解决方案的思考。这时，思维应该任意驰骋，可以天马行空，不必过分注意限制因素。可以针对问题提出各种各样的设想，想法越多，获得好的设计方案的可能性就越大。构思的过程往往是把较为模糊的、尚不具体的形象加以明确和具体化的过程，这时，为保持思维的连贯性，在画草图时要求手、脑、心并用。优异的设计思维的形成和发展是随着设计经验的提高而提高。就是这样，不断地将多种解决问题的可能性进行综合，把看上去互不相干的东西逐步推进到一个解决方案的组合体中。

（一）设计构思的草图表现

设计构思主要是为了解决"设计的概念"。设计草图是设计师将抽象的设计概念变为具体形象的十分重要的创造过程。当一个新的构想灵光闪现时，要迅速用草图把它"捕捉"下来，这时的形象可能不太完整，不太具体，但这个形象又可能使构思进一步深化，也可能会启发出其他的设计想法。这样的反复，就会使较为模糊的不太具体的设计概念逐渐清晰起来。

设计师在设计构思中常运用的表达方式是草图，草图主要是分析研究设计的一种方法，是帮助自己思考的一种技巧。草图主要是给自己看的，因此不必过分讲究技法。当然，在有些情况下，草图要与业主共同讨论，这时的草图应该讲究一定的完整性。

完成草图，就完成了具体设计的第一步，而这一步又是非常关键的一步，因为它是从造型角度入手，是设计第一阶段各种因素的一种形象思维的具体化，使想象思维在纸上形成三度空间的形象。设计草图如图9-7和图9-8所示。

（二）设计构思的方法

1. 头脑风暴法

头脑风暴法，尽可能激发创造性，产生尽可能多的设想的方法。相类似的创意方法

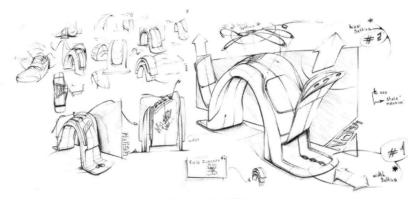

图9-7　设计草图1

图9-8　设计草图2

有综摄法。综摄法又称提喻法、集思法或分合法。综摄法是对头脑风暴法提出的设想、方案逐一质疑，分析其现实可行性的方法。头脑风暴图如图 9-9 所示。

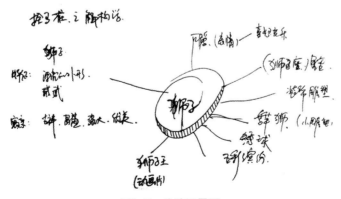

图9-9　头脑风暴图

2. 类比法

世界上的事物千差万别，但并非杂乱无章。它们之间存在着程度不同的对应与类似：有的是本质的类似，有的是构造的类似，也有的仅有形态、表面的类似。从异中求同，从同中见异，用类比法即可得到创造性成果。

3. 联想法

联想法分为相似联想、接近联想、对比联想。人脑受到刺激后会自然地想起与这一刺激相类似的动作、经验或事物叫作相似联想。

大脑想起在时间或空间上与外来刺激接近的经验、事物或动作，叫作接近联想。

大脑想起与外来刺激完全相反的经验、动作或事物，叫作对比联想。

每个人都经历过，洗澡后，浴室里的镜子通常会被雾化，必须用毛巾或手擦拭后，镜子才能被使用。为了解决这个问题，德国设计师 Dewa Bleisinger 带来了这个浴室雨刮器，类似汽车挡风玻璃上的雨刮器（见图 9-10），将吸盘吸在镜子上，用手轻轻一划，镜子就会变得清晰起来。浴室镜子雨刮器如图 9-11 和图 9-12 所示。

图9-10　汽车雨刮器

图9-11　浴室镜子雨刮器1

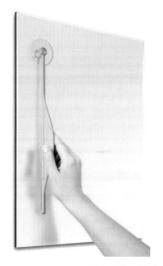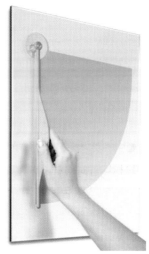

图9-12　浴室镜子雨刮器2

4. 移植法

将某一领域里成功的科技原理、方法、发明成果等应用到另一领域中去的创新技法，即为移植法。现代社会不同领域间科技的交叉、渗透已成必然趋势，而且，应用得法，往往会产生该领域中突破性的技术创新。

设计师 Cheng-Hsiu Du 和 Chyun-Chau Lin 设计了一个抽屉拉杆箱，就是将抽屉的结构移植到了拉杆箱上。它的箱子由三个间隔的抽屉组成，每一层都可作为单独的储物空间，便于旅行物品的分类放置。将拉杆打开后，还能当作晾衣架使用。有了它，就不用担心为了找一件衣服将整个箱子翻得乱七八糟了。抽屉拉杆箱如图 9-13 所示。

图9-13　抽屉拉杆箱

5. 优、缺点列举法

当发现了现有的设计有一些缺点，可找出改进方案，进行创造发明。小改良性产品设计，就是设计人员、销售人员及用户根据现在产品存在的不足所进行的改进。

一般来说，一个产品的显著缺点主要有以下几点。

（1）不符合人体工学。

（2）使用不方便。

（3）不符合社会习惯与审美习惯。

（4）材料和生产工艺明显有问题。

（5）成本高，噪声大等。

（6）缺乏审美。

一个产品潜在的缺点主要有以下几点。

（1）安全性、维修性、可靠性差等。

（2）缺乏可持续发展性。

（3）技术不先进，容易被淘汰。

（4）已经存在，但是尚未引起重视的缺点。

那么，在产品设计中如何应用优、缺点列举法？其主要步骤如下。

（1）列出产品的特点（包括优点和缺点）。

（2）把特点进行分类（优点和缺点两类）。

（3）对缺点进行改良。

（4）检验是否存在潜在缺点并进行进一步改良。

（5）在发现问题的同时可以把这些缺点进行延伸。

6. 废物利用法

随着人们活动范围的扩大、生活水平的提高，废物越来越多。废物处理成为人类的一大难题，对生态平衡、环境保护的意义也相当大，在创新的思考中应该考虑到废物利用、变废为宝，将使创新的价值大大提高。

手机更新换代的速度非常快，有时候一款手机年头发布可能到年末就会停产。很多人一到两年就换一部手机，每款手机电池又不能通用，渐渐地就留下了很多废旧手机电池。将这些废旧手机电池扔掉，既浪费又不环保。针对这个问题，设计师设计了一款名为 BetterRe 的移动电源。它最大的特点是其自身不带任何内置电池，可以将各种不同的手机电池放进里面，变成一个真正的移动电源，达到了废物利用。BetterRe 移动电源如图 9-14 至图 9-16 所示。

图9-14　BetterRe移动电源1　　图9-15　BetterRe移动电源2　　图9-16　BetterRe移动电源3

将废弃的笔或其他文具，塞到图 9-17 和图 9-18 所示的便携打印机里面，便携打印机就可以利用废弃的笔或其他文具里面的墨水打印。

图9-17　便携打印机1

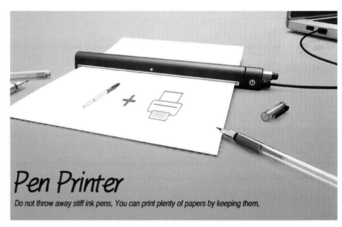

图9-18　便携打印机2

7. 灵感法

灵感法是靠激发灵感，使在创新中久久得不到解决的关键问题获得解决的创新技法。灵感法的特征是：突发性、突变性、突破性。它是突然闪出的领悟，是认识上一种质的飞跃。

现在，人们在生活中都喜欢自拍，自拍成为一种文化现象。而自拍杆，已经融入了人们的生活，如图9-19所示。

图9-19　自拍杆

8. 逆向思维法

逆向思维是从常规的反面、从构成成分的对立面、从事物相反的功能等方面进行考虑，寻找新的设计、创新的办法。图 9-20 和图 9-21 所示的伞就是根据逆向思维的方式所设计出来的。按下把手上的机关按钮，伞面会瞬间收合，把有雨水的一面包裹在内，避免沾湿衣物或其他物品。最关键的是，这种伞收合时比传统式自动伞省力很多，而且动作超级快，同时，采用了双层玻璃纤维材质的伞骨。内层伞面的大圆孔用来降低伞面收起时的阻力，同时增加透气性，不让内外两层伞布沾到一起。

图9-20　伞1　　　　　　　　　　　　　　　　图9-21　伞2

此外，还有法国设计师 Benoit Malta 设计的一款个性十足的两只脚的椅子。你坐这款椅子的时候，一定要迫使自己把重心移动到自己的腿上才能保持平衡。久坐是非常不利于人的健康的。人们通常解决这个问题的方式都是利用可穿戴设备提醒，但这款椅子就用了这种另类的方式。两只脚的椅子如图 9-22 和图 9-23 所示。

图9-22　两只脚的椅子1　　　　　　　　　　　图9-23　两只脚的椅子2

9. 仿生法

仿生法是指人们对自然界各种事物、过程、现象等进行模拟、科学类比（相似、相关性）而得到新成果的方法，其实质是通过异类事物间某些相似的恰当比拟来完成创意。人的创造源于模仿，自然界中有着无穷的天然素材。

Pocket Cup 是 Connect Design 为大家设计的一款自然清新、新奇的"口袋杯"。让自己全身心融入纯粹的大自然中是一件奢侈的事情，有时候真的需要我们去精心设计一下。Pocket Cup 利用安全而且无毒副作用的硅胶制作而成，青翠的树叶形状让人感觉好极了，无论出差或者远行都可以轻易把它放在口袋中带走，喝水或用来当刷牙缸是再好不过了。口袋杯如图 9-24 和图 9-25 所示。

图9-24　口袋杯1

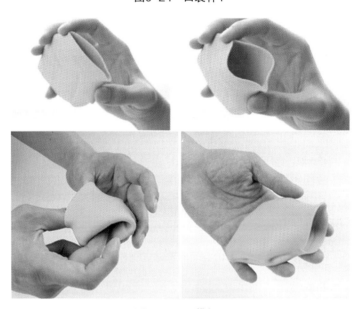

图9-25　口袋杯2

（三）解决问题

1. 解析问题的构成

解析问题的构成有如下内容。

（1）表明产生问题的背景、根源（怎样产生问题、为什么产生问题、其结果如何）。

（2）表明问题的性质（该问题是属于技术方面、经济方面，还是社会方面）。

（3）对问题进行比较（发现相同与不相同的问题）。

（4）表明问题的重要程度（发掘出关键性的问题）。

（5）分析解决问题时内部和外部的各种制约因素，提出简化问题的各种方案。

2. 解析问题必备资料

解析问题必备资料如下。

（1）关于使用环境的资料。

（2）关于使用者的资料。

（3）关于人体工程学资料。

（4）有关使用者的动机、欲求、价值观的资料。

（5）有关设计功能的资料。

（6）有关设计物机械装置的资料。

（7）有关设计物材料的资料。

（8）相关的技术资料。

（9）市场竞争资料。

（10）其他有关资料。

9.1.5　设计展开优化方案

设计展开是进入设计各个专业方面，将构思方案转换为具体的形象。它是以分析、综合后所得出的能解决设计问题（初步设计方案）为基础的。这一工作主要包括基本功能设计、使用性设计、生产机能可行性设计，即功能、形态、色彩、质地、材料、加工、结构等方面。这时的产品形态要以尺寸为依据，对产品设计所要关注的方面都要给予关注。在设计基本定型以后，用较为正式的设计效果图给予表达。设计效果图的表达可以是手绘，也可以用电脑绘制，主要是直观地表现设计效果。因为业主毕竟没有经过专门的训练，空间立体想象力并不强，直观的设计效果图便于帮助业主了解设计制作成成品以后的效果，帮助业主决定设计的结果。

构思方案可能是一个也可能是若干个。此时设计师要进行比较、分析、优选。从多个方面进行筛选、调整，从而得出一个比较满意的方案。为了获得更多的构思方案或方案变体，寻找问题最佳解决方案的具体化，这一阶段内容包括：

（1）功能划分及研究分析；

（2）寻求解决问题的技术原理；

（3）提出各种变体方案；

（4）方案初步评价；

（5）原理结构的确立。

构思方案如图 9-26 所示。

9.1.6　深入设计样机试制

在这一阶段，产品的基本样式已经确定，主要是进行细节的推敲、调整，同时要进行技术可行性设计研究。方案通过初期审查后，要确定基本结构和主要技术参数，为以后的技术设计提供依据。这一工作是由工业设计师来完成的。为了检验设计成功与否，设计师还要制作一个仿真模型。一般情况下，只要做一个"外观模型"就可以了，但为了更好地推敲技术实施的可行性，最好做一个"工作模型"，就是对凡能动和打开的部

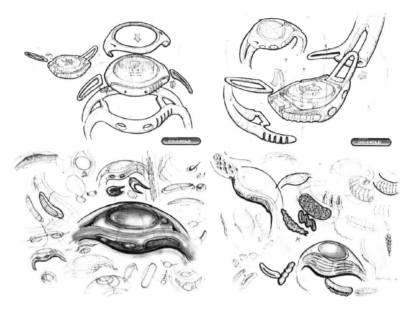

图9-26　构思方案

分都做出来。设计师在进行设计时，要充分考虑到产品的立体效果。效果图虽是画的立体透视图，但毕竟是在平面上表现出来的，模型则是将产品真实地做出来，任何细节都含糊不得，所有在平面上发现不了的问题都能在模型中反映出来，所以制作模型本身就是设计的一个环节，推敲设计的一种方法。模型制作是对先前的设计图纸的检验。模型完成以后，设计图纸是肯定要进行调整的，模型为最后设计图纸的定型提供了依据。模型可作为一个完整的设计概念提供给委托商或生产厂家进行评估和选择，也可用于陈列或展示，向外界传达设计概念或征求用户的意见。对一些机能性较强的产品，有时要通过样机模型来检测产品的技术性能与操作性能是否达到预定的设计要求。深入设计实例如图 9-27 和图 9-28 所示。

图9-27　深入设计实例1　　　　　　　　　图9-28　深入设计实例2

9.1.7　设计展示综合评价

（一）设计展示

在竞标的情况下，通常要做设计展示版面。版面要经过专门设计，并以最佳方式展示设计成果。

1. 制图展示

设计制图包括外形尺寸图、零件详图以及组合图等。这些图的制作必须严格遵照国家制图规范进行。一般较为简单的设计制图，只需按正投影法绘制出产品的主视图（亦称前视图）、俯视图（亦称平面图）和左视图 / 右视图（亦称侧视图）三视图即可，也有的还有后视图（亦称背面图）、仰视图（亦称底视图）。有些必要情况下，设计制图会含有结构解剖细节图。设计制图为下面的工程结构设计提供了依据，也是对外观造型的控制，所有进一步的设计都必须以此为"法律文件"，不得随意更改。产品视图如图 9-29 和图 9-30 所示。

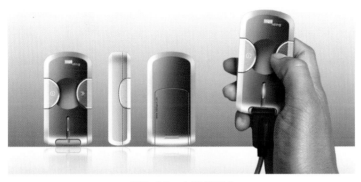

图9-29 产品视图1

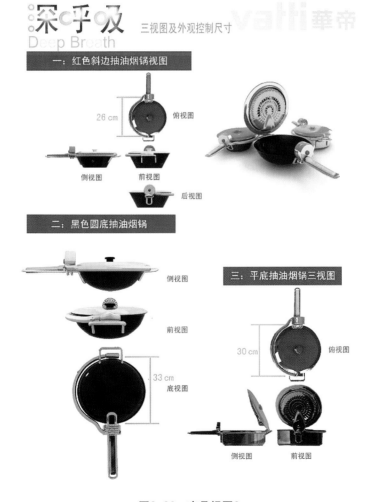

图9-30 产品视图2

2. 方案报告展示

设计报告书是以文字、图表、照片、表现图及模型照片等形式所构成的设计过程的综合性报告，是交给企业高层管理者最后决策的重要文件。

设计报告的制作既要全面，又要精练，不可拖泥带水。为了给决策者一目了然的良好感觉，设计报告的编制排版也要进行专门设计。设计报告的形式可视具体情况而定。

1）封面

封面要标明设计标题、设计委托方全名、设计单位全名、时间、地点。如果该产品有标志，封面还可以做一些专门的装潢。封面如图9-31所示。

图9-31　封面　来自：二手作家的博客

2）目录

目录排列要一目了然，并标明页码。目录如图9-32所示。

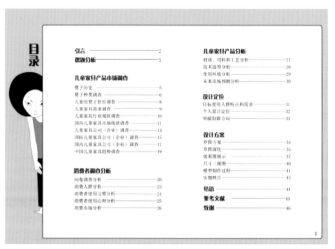

图9-32　目录　来自：二手作家的博客

3）设计计划进度表

设计计划进度表要易读，可以用不同色彩来标明不同时间段里的不同工作。设计计划进度表如图9-33所示。

4）设计调查

设计调查主要包括对市场现有产品、国内外同类产品以及销售与要求的调研，常采用文字、照片、图表相结合来表现。设计调查如图9-34至图9-41所示。

图9-33 设计计划进度表 来自：二手作家的博客

图9-34 设计调查1 来自：二手作家的博客

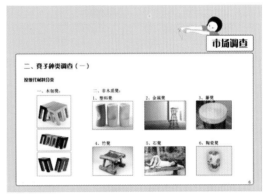

图9-35 设计调查2 来自：二手作家的博客

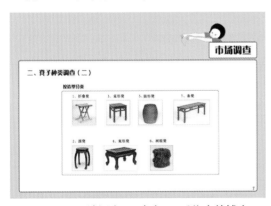

图9-36 设计调查3 来自：二手作家的博客

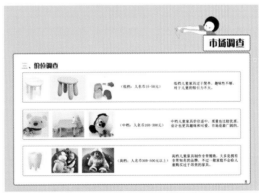

图9-37 设计调查4 来自：二手作家的博客

图9-38 设计调查5 来自：二手作家的博客

图9-39 设计调查6 来自：二手作家的博客

图9-40　设计调查7　来自：二手作家的博客　　　　图9-41　设计调查8　来自：二手作家的博客

5）分析研究

对以上市场调查进行市场分析、材料分析、使用功能分析、结构分析、操作分析等，从而提出设计概念，确定该产品的市场定位（见图9-42至图9-47）。

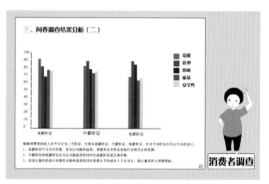

图9-42　问卷调查结果分析1　　　　　　　　　　图9-43　问卷调查结果分析2
来自：二手作家的博客　　　　　　　　　　　　　　来自：二手作家的博客

图9-44　消费人群分析　来自：二手作家的博客　　　图9-45　消费者使用习惯分析
来自：二手作家的博客

图9-46　消费者使用心理分析　来自：二手作家的博客　　图9-47　消费市场分析　来自：二手作家的博客

6）设计构思

设计构思以文字、草图、草模的形式来表现，并能反映出设计深层次的内涵。设计草图如图9-48所示。

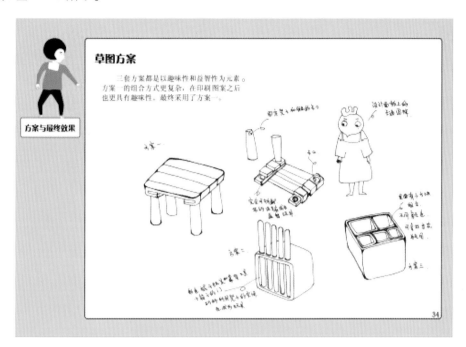

图9-48 设计草图 来自：二手作家的博客

7）设计展开

设计展开主要以图示与文字说明的形式来表现。其中包括分析与决定设计条件、展开设计构思、设计效果图、人体工程学研究、色彩计划、模型制作等。设计开展如图9-49至图9-51所示。

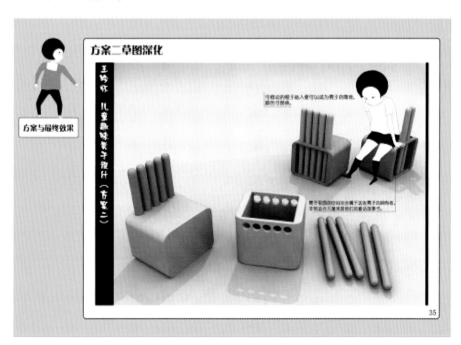

图9-49 设计开展1 来自：二手作家的博客

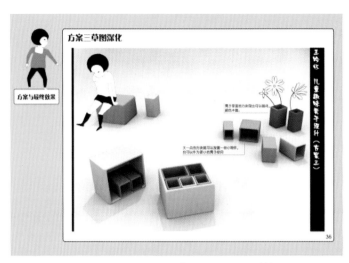

图9-50　设计开展2　来自：二手作家的博客

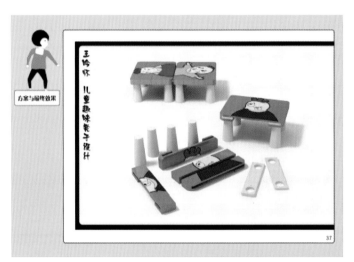

图9-51　设计开展3　来自：二手作家的博客

8）方案确定

方案确定主要包括详细的结构图、外形图、部件图、精致模型以及使用说明等内容。方案确定如图9-52和图9-53所示。

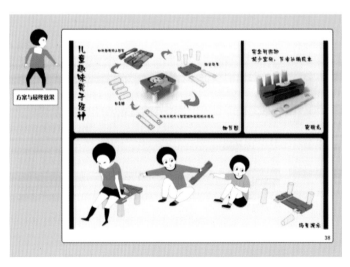

图9-52　方案确定1　来自：二手作家的博客

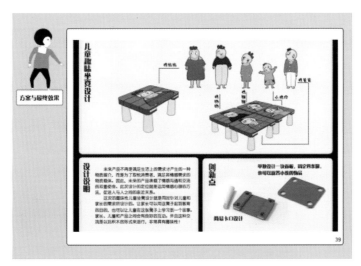

图9-53　方案确定2　来自：二手作家的博客

9）综合评价

放置一幅精致模型（样机）的照片，并以最简洁明了、最鼓动人心的词语表明该设计方案的全部优点及最突出点。模型制作如图 9-54 至图 9-56 所示。

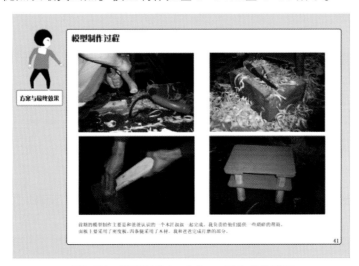

图9-54　模型制作1　来自：二手作家的博客

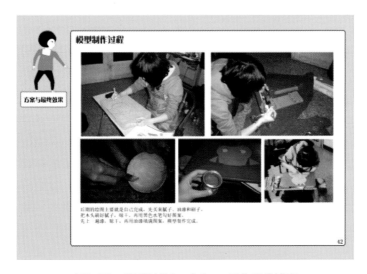

图9-55　模型制作2　来自：二手作家的博客

图9-56　模型制作3　来自：二手作家的博客

（二）综合评价

1. 内容

综合评价的内容有两点。

一是该设计对使用者、特定的使用人群及社会有何意义。

二是该设计对企业在市场上的销售有何意义。

2. 原则

1）应对设计构想进行评价

新构想是否具有独创性？新构想具有多少价值？新构想的实施时间、资金和设备的条件及生产方式是否符合实际？新构想是否适合企业在计划时间内的作业方法与销售方式?新构想是否在进一步树立企业的美好形象？

2）再对产品本身进行评价

对产品进行技术性能指标的评价，经济性指标的评价，美学价值指标的评价，市场、社会需求等方面指标的评价。

为了使设计综合评价一目了然，可对上述评价项目的结果用图表示意，以供设计决策。

3）优秀设计的评价标准

较高的实用性；安全性能好；较长的使用寿命和适用性；适用人体工程学要求；技术和形式具有创新性、合理性；环境的适应性好；环境保护性能好；使用语义明确；造型质量高；具有一定的审美功能。

通过设计评价，找出设计遗留的问题，反馈到具体生产上，并在产品生产过程中尽量调整，使相关问题得到合理的解决，以使产品更趋于完美。

Reference

参考文献

[1] 李亦文.产品设计原理[M].北京：化学工业出版社，2003.

[2] 蒋金辰、皮永生.产品设计程序与方法[M].重庆：西南大学出版社，2009.

[3] 马丽、何彩霞.产品创新设计与实践[M].北京：中国水利邮电出版社，2015.

[4] 罗仕鉴、朱上上.用户体验与产品创新设计[M].北京：机械工业出版社，2010.

[5] 李想.基于感性工学的助行康复机器人外观设计研究[D].哈尔滨工程大学，2015.03.

[6] 罗丽弦，洪玲.感性工学设计[M].北京：清华大学出版社，2015.

[7] [日]长町三生.感性工学[M].日本：海文堂出版社，1989.

[8] 原田昭.感性工学的架构——感性工学的研究领域与对象[J].1998中日设计教育研讨会.

[9] 杨熊炎，叶德辉.以海洋文化为核心的北部湾旅游纪念品设计[J].包装工程，2016,37(10).

[10] 杨熊炎，肖狄虎.以 iNPD 方法为导向的按摩垫产品设计[J].机械设计，2014,31(04).

[11] 吴晓莉，郜红合，寇树芳.产品形态与设计元素构成[M].南京：东南大学出版社，2014,03.

[12] 张凌浩.符号学产品设计方法[M].北京：中国建筑工业出版社，2011.

[13] 钟蕾，李杨.文化创意与旅游产品设计[M].中国建筑工业出版社，2015,11.

[14] 孙宁娜.仿生设计[M].北京：电子工业出版社，2014.

[15] 张凌浩著.符合学产品设计方法[M].北京：中国建筑工业出版社，2011.

[16] 杨向东主编.产品系统设计[M].北京：高等教育出版社，2008.

[17] 尹定邦.设计概论[M].长沙：湖南科技出版社，2010.

[18] 唐纳德.A.诺曼.情感化设计[M].北京：电子工业出版社，2005.